O RESSURGIMENTO
E A UNIFICAÇÃO DA ITÁLIA

Antonio Gramsci

O RESSURGIMENTO
E A UNIFICAÇÃO DA ITÁLIA

Introdução de Carmine Donzelli

Tradução
Letícia Martins de Andrade

martins fontes
selo martins

© 2015 Martins Editora Livraria Ltda., São Paulo, para a presente edição.
© 2010 Donzelli Editore, Roma.
Esta obra foi originalmente publicada em italiano sob o título *Il Risorgimento e l'unità d'Italia* por Donzelli Editore.

Publisher *Evandro Mendonça Martins Fontes*
Coordenação editorial *Vanessa Faleck*
Produção editorial *Susana Leal*
Preparação *Denis César da Silva*
Diagramação *Megaarte Design*
Revisão *Lucas Torrisi*
Renata Sangeon
Juliana Amato

Dados Internacionais de Catalogação na Publicação (CIP)
(Câmara Brasileira do Livro, SP, Brasil)

Gramsci, Antonio

O ressurgimento e a unificação da Itália / Antonio Gramsci ; introdução de Carmine Donzelli ; tradução Letícia Martins de Andrade. – São Paulo : Martins Fontes - selo Martins, 2014.

Título original: Il resorgimento e l'unita d'Italia.

ISBN 978-85-8063-175-3

1. Itália – Condições econômicas – 1849-1870 2. Itália – Condições sociais – 1849-1870 3. Itália – História – 1849-1870 I. Donzelli, Carmine. II. Título.

14-11434 CDD-945

Índices para catálogo sistemático:
1. Itália : Civilização : História   945

Todos os direitos desta edição reservados à
Martins Editora Livraria Ltda.
Av. Dr. Arnaldo, 2076
01255-000   São Paulo   SP   Brasil
Tel.: (11) 3116 0000
info@emartinsfontes.com.br
www.martinsfontes-selomartins.com.br

Sumário

O Ressurgimento e a unificação da Itália 9

    Gramsci 11

Introdução 15

O RESSURGIMENTO E A UNIFICAÇÃO DA ITÁLIA

I. A "Era do Ressurgimento" e suas interpretações 39

    1. Quando se deve estabelecer o início do
       Ressurgimento italiano. 39

    2. A Era do Ressurgimento 44

    3. As origens do Ressurgimento. 48

    4. Interpretações do Ressurgimento. 63

    5. A história como "biografia nacional" 89

    6. Momentos de vida intensamente coletiva e unitária
       no desenvolvimento nacional do povo italiano. 91

    7. Características italianas: o "individualismo"............ 94

II. Antes e depois da Unidade: o problema da
    direção política................................. 99

    1. O problema da direção política na formação e no
       desenvolvimento da nação........................ 99

    2. A função do Piemonte no Ressurgimento italiano....... 139

    3. Direção político-militar do movimento nacional
       italiano....................................... 142

    4. Cavour: política e diplomacia..................... 152

    5. O realismo de Cavour........................... 156

    6. Cavour e Garibaldi............................. 156

III. As forças em campo................................ 159

    1. As formações fundamentais....................... 159

    2. Cosmopolitismo dos intelectuais e corporativismo
       da burguesia italiana............................ 160

    3. Moderados e *Partito d'Azione* 161

    4. *Partito d'Azione* e transformismo................... 169

    5. Moderados e intelectuais 170

    6. Gioberti e o jacobinismo......................... 173

    7. O federalismo de Ferrari e Cattaneo 176

    8. Giuseppe Ferrari e o jacobinismo diluído 177

    9. O povo no Ressurgimento........................ 178

    10. A propósito do livro de Nello Rosselli sobre Pisacane...... 179

11. Ainda sobre Rosselli e Pisacane 182

12. Pisacane e Mazzini 183

13. "Itália real e Itália legal": os clericais e a sociedade civil após 1870 190

IV. Cidade e campo, Norte e Sul 193

   1. A relação cidade-campo no Ressurgimento e na estrutura nacional italiana 193

   2. Questão meridional, questão siciliana, questão sarda..... 211

   3. O Ressurgimento e a Itália meridional 215

   4. A hegemonia do Norte 217

V. O Ressurgimento como "revolução passiva".............. 219

   1. Vincenzo Cuoco e a revolução passiva................ 219

   2. "Guerra de posição" e "guerra manobrada": Cavour e Mazzini 219

   3. Ainda sobre "guerra de posição" e "guerra manobrada".............................. 224

   4. Equilíbrio político e equilíbrio militar................ 227

   5. "Transformismo" e revolução passiva................. 229

   6. "Forças subjetivas" e "condições objetivas" no Ressurgimento italiano 232

APÊNDICE

Os católicos e o novo Estado 237

Giolitti e Cavour: uma diferença incomensurável.......... 245

A unidade nacional 249

O Estado italiano................................ 255

Tradição monárquica 261

A análise da situação italiana nas "Teses de Lyon".......... 266

A política da burguesia italiana...................... 272

O fascismo e a sua política......................... 278

O Ressurgimento e a unificação da Itália

Os textos reunidos neste livro são tirados das páginas dos *Cadernos do cárcere*, escritos por Antonio Gramsci entre 1929 e 1935. Eles constituem um dos nós mais significativos de seu pensamento e, ao mesmo tempo, representam um dos núcleos mais densos e sólidos já produzidos pela cultura italiana a propósito da vivência do Ressurgimento e pós-unificação. Trata-se de textos amplamente estudados e repetidamente reapresentados em edições organizadas de várias maneiras. Porém, a organização aqui proposta é diversa. Na redação dos *Cadernos*, Gramsci havia ordenado a redação inicial de seus apontamentos de forma solta. Apenas em um segundo momento, e sobre alguns temas que considerava especialmente significativos, procedeu à revisão das primeiras redações em uma série de cadernos "temáticos": entre eles, justamente o "Caderno 19", "Ressurgimento italiano". A nova redação comportou alguns eventuais acréscimos e correções. No entanto, muitos textos relativos ao tema do Ressurgimento não foram inseridos no "Caderno 19". Todavia, entre os textos de primeira redação, assim como entre aqueles reescritos no "Caderno 19", existem muitos que apresentam um caráter fragmentário, ou de pura anotação bibliográfica. A escolha feita aqui foi a de apresentar uma seleção dos textos mais significativos, organizados por um critério temático. Este livro se dirige, de fato, a um hipotético "primeiro leitor", que até agora não teve a oportunidade de se aproximar dos escritos de Gramsci e queira ter uma primeira ideia direta a respeito, adentrando em sua complexidade.

Fecha a antologia uma breve seleção de artigos e documentos escritos por Gramsci na sua fase de atividade jornalística e política antes da prisão, nos quais estão contidas reflexões de grande interesse em torno do núcleo temático que aqui nos interessa.

Assim apresentados e organizados, os textos gramscianos sobre o Ressurgimento e a unificação da Itália adquirem um novo e surpreendente frescor. E mostram ter muito para dialogar com a nossa leitura do passado e, no final das contas, com o nosso presente.

Gramsci

Antonio Gramsci nasce em Ales (Cagliari) em 1891. Termina o liceu Cagliari, onde participa ativamente do movimento socialista. Durante o curso universitário (1912-1917), quando frequenta diversos cursos da Faculdade de Letras e da Faculdade de Direito da Universidade de Turim, é membro ativo da seção socialista e, a partir de 1916, da redação turinense do cotidiano *Avanti!*; nesse jornal e no *Grido del popolo*, publica artigos variados, desde comentários políticos até resenhas literárias e teatrais.

Em 1919, com Angelo Tasca, Umberto Terracini e Palmiro Togliatti, funda uma revista, *L'Ordine Nuovo*, na qual publicará documentos e testemunhos do mundo inteiro sobre a vida operária e que irá inspirar o movimento das comissões de fábrica, nos quais identifica o núcleo de uma possível versão italiana da revolução socialista. Em abril de 1920, o fracasso de um longo período de greves e de ocupações, que tinha o grupo do *L'Ordine Nuovo* na linha de frente, revela uma ruptura irreparável no interior das forças socialistas, prelúdio da cisão; a ruptura será oficializada em janeiro do ano seguinte, na ocasião do Congresso de Livorno, quando Gramsci estará entre os fundadores do *Partito Comunista*. De junho de 1922 até o verão de 1923, ele é enviado a Moscou como representante do partido na Terceira Internacional; participa do IV Congresso da Internacional, em seguida transfere-se para Viena, onde prossegue o seu trabalho de dirigente da organização comunista. De volta à Itália, em abril de 1924, Gramsci é eleito deputado. Por três anos, é secretário do *Partito Comunista*. Na ocasião do assassinato de Matteotti*, luta contra a passividade da Secessão do Aventino** e pela unidade das forças operárias. Em 1926, enquanto o partido entra na clandestinidade, consegue impor sua própria linha política no III Congresso Nacional, ocorrido em Lyon, com a aprovação das *Teses* redigidas com Togliatti.

Em 8 de novembro de 1926, com base nas "medidas excepcionais", adotadas pela ditadura, Gramsci é preso com outros deputados comunistas e colocado em isolamento na prisão de Regina Coeli, em Roma; dali, depois de dois meses de confinamento em Ustica, será transferido para o cárcere

---

* Giacomo Matteotti (22 de maio de 1885 – 10 de junho 1924), deputado social-democrata antifascista afiliado ao *Partito Socialista*. Foi sequestrado e morto a facadas por fascistas por fazer duras críticas a Mussolini e denunciar fraudes nas eleições parlamentares de 1924, exigindo a anulação do pleito. O corpo de Matteotti foi encontrado apenas no dia 16 de agosto. (N. E.)

** Após o desaparecimento de Matteotti, os deputados opositores do fascismo pressionaram o governo para que o encontrasse e respondesse às denúncias de participação no caso. No dia 13 de junho, Mussolini fechou o parlamento, reabrindo a casa só no dia 26 do mesmo mês. Nesta data, os opositores se recusaram a participar dos trabalhos, optando por deliberar separado dos fascistas até que as liberdades democráticas fossem plenamente restituídas. Este evento, que terminaria no dia 26 de novembro de 1926, com a cassação do mandato de todos os parlamentares de oposição pela ditadura fascista, ficou conhecido como Secessão do Aventino. (N. E.)

de San Vittore, em Milão. Em 28 de maio, abre-se o "Processão" contra Gramsci e o grupo dirigente do *Partito*, concluído poucos dias depois com a condenação a vinte anos de prisão. Gramsci é transferido para o cárcere de Turi. Ali consegue finalmente a permissão para escrever e, impelido pela necessidade de "fazer alguma coisa", começa a redigir as notas e os apontamentos dos *Cadernos*.

Como consequência das medidas de anistia e de perdão para o decênio fascista, a pena de Gramsci é reduzida para 12 anos e 4 meses, mas suas condições de saúde se agravam cada vez mais e, depois de diversos pedidos, é internado, em outubro de 1933, em uma clínica em Fórmias. Em 25 de outubro de 1934, consegue a liberdade condicional. Nos meses seguintes, transfere-se para Roma, para a clínica Quisisana, para um longo período de hospitalização. Readquire a plena liberdade em abril de 1937, mas morre no dia 27 do mesmo mês por causa de uma hemorragia cerebral.

Introdução

de Carmine Donzelli

De que modo, e em quais condições, as reflexões de Antonio Gramsci sobre o processo histórico de constituição do Estado italiano ainda podem ser lidas e estudadas como um livro de história útil para o nosso presente? É possível que um conjunto de notas soltas e díspares, escritas há oitenta anos, da cela de uma prisão fascista por um dirigente político comunista, represente ainda hoje uma das contribuições mais vivas e originais para o discurso público a propósito do Ressurgimento?

Para abordarmos corretamente o tema, a primeira coisa a fazer é entender por que Gramsci dedicou tanta atenção à história do Ressurgimento e do processo de unificação. Seus *Cadernos do cárcere* são os materiais de reflexão de um político derrotado, de um dirigente da Terceira Internacional que experimentou conflitos e tensões internas no seu próprio partido e se vê obrigado a observar – na dramática virada dos anos 1930 – o desenrolar dos acontecimentos internos e internacionais sem qualquer esperança de poder participar deles ativamente de novo. É amarga a ironia com que anota que as páginas dos seus *Cadernos* são escritas "für ewig", "para a eternidade". De um modo geral, a perspectiva a partir da qual ele se coloca não é, com certeza, a historiográfica. Eventualmente, os *Cadernos* de Gramsci são, em sua inspiração mais profunda, um texto de teoria política: eles têm por objeto a tentativa de compreender os motivos complexos de um fracasso estratégico que viu, na Itália, a derrota da "revolução proletária" e a "vitória da reação fascista".

As interrogações políticas que inspiram os *Cadernos* poderiam ser sintetizadas da seguinte maneira: por que a onda revolucionária deflagrada pelo Outubro soviético não se espalhou pelo Ocidente? Por que, especialmente na Itália, ela se quebrou sobre o rochedo de uma contrarrevolução que triunfou com a ditadura fascista? Ou, para dizer com a linguagem de um marxista da Terceira Internacional, por qual motivo é tão difícil se concretizar, na Itália e na Europa dos anos 1930, o preceito que permitiria ver a classe operária e seus aliados instaurando a sua *ditadura*, substituindo a burguesia capitalista na tarefa de orientar e governar o processo histórico em direção à realização do *comunismo*?

Se o desejo é compreender Gramsci, se não se quer transformá-lo – como foi feito por bastante tempo – em um intelectual "polivalente", cujas análises e interpretações podem valer para todas as situações e para todos os tempos, é preciso partir desse ponto de drástica clareza. E aceitar, portanto, antes de mais nada, que a sua perspectiva política se revele hoje totalmente consumada, absolutamente (e, por sorte, se poderia acrescentar) inutilizável.

Por outro lado, depois de décadas de um "gramscismo" panegírico moldado a partir de um enjoativo decalque de militância, e depois de obstinadas tentativas de reconverter seu pensamento a uma perspectiva "democrática" que certamente não lhe pertence, assistimos mais recentemente à longa penitência do quase total recalcamento, o qual, porém, corre o risco de ser igualmente estúpido e injustificado, uma vez que toda a pesquisa dos *Cadernos*, que também parte da questão ideológica acerca do "por que a história não aconteceu como deveria ter acontecido", acaba por surtir efeitos de conhecimento inesperados e extraordinários, especialmente em torno do tema dos modos e das formas da política. Aqui está a verdadeira originalidade de Gramsci: a sua curiosidade intelectual o impeliu de fato a se colocar com rigorosa insistência todas aquelas interrogações que a sua crença ideológica lhe teria aconselhado a evitar.

A primeira e mais radical dessas interrogações poderia ser formulada assim: se é verdade, como afirmou o materialismo histórico de Marx, que a nenhuma sociedade humana se atribui tarefas que não esteja em condições de cumprir, se é verdade que o desenvolvimento das forças produtivas comporta necessariamente a sucessão das classes "fundamentais" no governo da história, como então a história se apresenta, afinal, tão complicada, tão variada, tão rica de variantes? E o que pode explicar tais variantes senão a *política*, ou seja, a capacidade de domínio e de orientação dos processos históricos por parte das formações políticas que encarnam e exprimem "subjetivamente" as forças em campo?

Se a "lei geral" ancora o processo histórico em um finalismo rígido e pré-constituído – que pretende (diga-se de passagem) legitimar todas as mais hediondas tragédias realizadas em seu nome –, a riqueza das variantes e a consequente margem de manobra deixada às forças políticas subjetivas, dentro dos contextos individuais, permitem restaurar, aos olhos do marxista Gramsci, o caráter *aberto e imparcial* do processo histórico. A política, a maquiavélica arte do governo, torna-se decisiva; cabe a ela a tarefa de tornar historicamente possível (ou não) o que, em teoria, seria necessário.

Uma vez encontrada a chave para escapar da maior e insuperável aporia, eis que a reflexão dos *Cadernos* se libera em um jogo intelectual extremamente fecundo. Mesmo se a teoria oferecesse a certeza de "estar do lado certo", ela não diz nada sobre a efetiva capacidade por parte das forças que deveriam ser dominantes de dirigir e orientar os processos. E, de resto, justamente por isso a história mostra um ritmo nada *linear*: experimenta avanços, recuos, involuções; experimenta "revoluções", mas também "revoluções passivas". Nessa perspectiva, o tema do *Ressurgimento* representa, para Gramsci, a mais fecunda e natural aplicação a um caso concreto daquela reflexão mais geral sobre o caráter aberto do processo histórico.

Quais foram os traços constitutivos da burguesia italiana? Por que ela custou tanto para exprimir a sua vocação nacional? Quais forças retrógradas souberam se opor ao desenvolvimento do processo histórico? Quando teve início, realmente, o processo da unificação nacional? E o que determinou as modalidades específicas de constituição da nova organização? Quais foram as forças em ação no lado interno? E como elas interagiram com os cenários internacionais? Quais foram os grandes temas não resolvidos, as grandes questões com as quais a nação, uma vez constituída, foi chamada a acertar as contas? O que tornou incerto e, em última análise, bloqueou o caminho da Itália liberal, até levá-la à tragédia da guerra mundial e ao êxito nefasto da ditadura fascista?

É realmente estarrecedor observar como perguntas semelhantes continuam vivas e vitais, com fins a uma resposta histórica para as interrogações civis do nosso presente. A verdadeira questão que ainda se manifesta poderosamente, há um século e meio da conquista da unificação, é se ela incorporou elementos de fragilidade, de debilidade identitária e civil capazes de torná-la fraca e, em última instância, suscetível de ser questionada. Ainda hoje se fala disso: se a Itália é *nação* o bastante; se seu fundamento unitário é suficientemente sólido ou se, ao contrário, está destinado a ser cada vez mais erodido por impulsos desagregadores e por pressões separatistas.

Gramsci, que já há muito tempo deixou de ser evocado para dar respostas políticas às questões do nosso presente, continua a ser, em vez disso, um poderoso instrumento de orientação a respeito do estudo do nosso passado: com a condição, naturalmente, de se saber utilizá-lo.

Vejamos, então, essas perguntas mais de perto, partindo da primeira: quando começou o *Ressurgimento italiano*? É correto considerá-lo resultado de um impulso consciente à unificação nacional, cultivada por um longo período? A resposta de Gramsci sobre esse ponto é claramente negativa. Entre os séculos XIII e XVIII, não existe qualquer elemento de elaboração estratégica unitária por parte dos grupos dirigentes das diversas realidades territoriais. E a própria consciência de uma identidade cultural, que, contudo, existiu desde a imposição da unidade da língua literária, é um elemento que se revelou privado de "eficácia direta sobre os acontecimentos históricos". A necessidade de livrar a península da influência política estrangeira foi, por séculos, uma convicção difundida apenas entre pequenas minorias de grandes intelectuais.

No caso italiano, também não se pode afirmar que tenha havido, durante todo esse período, um impulso à unificação como "movimento nacional vindo de baixo". Tal elemento não apenas foi estranho às "fases preparatórias", mas faltou até mesmo na fase de realização. Aqueles que concretamente fizeram a Itália, conseguindo dar existência à sua unificação política, conceberam-na mais como ampliação do Estado piemontês, como "conquista régia". E, todavia, aqueles que a viam mais propriamente como um processo de construção nacional (ou seja, os expoentes do *Partito d'Azione**) saíram derrotados.

Não se pode sequer afirmar – de acordo com uma aplicação demasiadamente esquemática das teorias do materialismo histórico – que o Ressurgimento se manifestou como um processo lento e gradual de "liberação" de forças econômicas burguesas e capitalistas dos velhos obstáculos jurídicos e políticos herdados das fases históricas precedentes. O juízo de Gramsci sobre o atraso histórico da estrutura

---

* Partido de Ação, em português. Partido republicano fundado por Giuseppe Mazzini (1805-1872), importante ideólogo republicano proponente da unificação da Itália. (N. E.)

econômica e produtiva italiana é aqui drástico demais: no caso italiano, tratava-se certamente não tanto de "liberar" as energias de uma burguesia quase evanescente, quanto de *criar as condições* para que ela pudesse começar a se desenvolver, seguindo o modelo do que tinha acontecido nos outros países europeus.

Quando começa então o Ressurgimento? É na segunda metade do século XVIII que o desenvolvimento abrangente das relações de força europeias se revela decisivo para criar as condições gerais de um discurso político sobre a unificação italiana. Gramsci identifica os fundamentos dessa nova configuração em uma série precisa de elementos. O primeiro é dado pelo fim da alternância entre as hegemonias francesa e espanhola, que havia caracterizado a história italiana nos séculos precedentes. O segundo é dado pelo chamado "josefinismo", ou seja, pelo início, em algumas das mais importantes agregações políticas da península, de uma época de "reformas", cuja tendência geral ia no sentido de um questionamento da centralidade política do poder eclesiástico. Esse ponto, em especial, revelar-se-ia decisivo, dado que um movimento político *unitário*, em uma realidade histórica como a italiana, só teria sido possível "apenas em função de um enfraquecimento do papado". É, portanto, na época política das reformas setecentistas, no clima que se instaurou amplamente na Europa do século das Luzes, que se deve buscar as "origens [...] das condições e das relações internacionais que permitirão à Itália reunir-se como nação, e às forças internas nacionais desenvolver-se e expandir-se". Nisso Gramsci retoma e compartilha o julgamento histórico de Gioacchino Volpe (um dos dois grandes interlocutores ideais de toda a reflexão gramsciana sobre o Ressurgimento, sendo Benedetto Croce, como se verá, sua contraparte imprescindível). Volpe tinha observado:

> [...] é preciso procurar o Ressurgimento como reconquista de vida italiana, como formação de uma nova burguesia, como consciência crescente de problemas não apenas municipais e regionais, mas nacionais, muito antes da Revolução Francesa [...] no quadro da vida europeia [...]

ou seja, em correntes culturais, transformações econômicas, novas situações internacionais "que convidam os italianos a novos pensamentos, a novas atividades, a uma nova organização política" (as citações são tiradas de um artigo de Volpe publicado no *Corriere della Sera* em 9 de janeiro de 1932, e constantemente transcritas por Gramsci em uma página dos *Cadernos*).

E foi no século XVIII – acrescenta e especifica Gramsci – que se desenvolveu na Itália um processo de distinção entre uma corrente neoguelfa, que reconhecia na Itália, justamente na força do papado, um primado no mundo, e uma corrente laica que procurava reivindicar uma missão italiana no mundo independentemente do papado. Essa segunda componente conheceu "várias linhas interrompidas de desenvolvimento" destinadas a confluir no mazzinianismo. O que conta é que naquela fase a tradição literário-retórica da unidade transformou-se finalmente em um "fermento político", em que começaram a agir "forças catalíticas" capazes de determinar a orientação de "massas populares maiores, necessárias para alcançar certos objetivos". Entre essas forças catalíticas pesaram de modo decisivo as duas correntes do liberalismo italiano, a católica e a laica, que de regiões e modos diferentes contribuíram para colocar em discussão o papel político do papado no cenário italiano. Gramsci chega a dizer, a propósito, que "a obra-prima política do Ressurgimento" consistiu no fato de que o movimento liberal logrou "instigar a força católico-liberal e conseguir que o próprio Pio IX se pusesse, ainda que por pouco, no terreno do liberalismo".

Entre os fatores decisivos de caráter "externo" que tiveram um peso importante na origem do processo do Ressurgimento, Gramsci enumera a Revolução Francesa. Antes dela, as forças que tendiam à unidade eram "raríssimas, dispersas, sem nexo entre si"; as forças contrárias, em vez disso, eram "poderosíssimas, aliadas". A Revolução Francesa, "exaurindo essas forças reacionárias e as consumindo", mostrou-se decisiva "na preparação do movimento do Ressurgimento".

Portanto, um primeiro conjunto de juízos pode ser fixado: o processo de unificação nacional, segundo Gramsci, veio a reboque de uma série de fatores externos ou "de contexto", sem os quais ele não poderia sequer ter tido início, dado o caráter específico de nossa história, na qual as forças "nacionais" que deveriam ter assumido a direção política do movimento unitário tinham se revelado frágeis e dispersas. Esse conjunto de elementos confere ao movimento nacional um caráter difícil, árduo e trabalhoso. No geral, tratou-se de um processo fraco, "pela insuficiência das forças 'íntimas'", "pela escassez dos elementos objetivos 'nacionais'", "pela inconsistência e pelo caráter gelatinoso do organismo estudado". Tanto que, não por acaso, seu sucesso pôde frequentemente ser definido como um "milagre".

Mas em que sentido Gramsci define como fraco o processo e como insuficientes as forças internas que o geraram? No sentido de que a condução política do movimento do Ressurgimento esteve firmemente nas mãos das forças moderadas, que queriam realizar – e, de fato, realizaram – uma "revolução sem revolução", um processo que teria como resultado manter as grandes massas distantes do coração do poder do novo Estado. A hipótese alternativa, a de uma

agitação mais radical, de caráter autenticamente nacional-
-popular, que colocasse a Itália à altura das grandes bur-
guesias europeias, não conseguiu ganhar corpo. O sujeito
político que era seu promotor, o *Partito d'Azione*, acabou
completamente derrotado.

Chegamos a uma segunda pergunta sobre a qual insiste
a reflexão dos *Cadernos*: por que os moderados venceram e o
Partito d'Azione foi derrotado? Do ponto de vista de Gramsci,
essa pergunta era realmente essencial. A ela se poderia res-
ponder de maneira substancialmente tautológica: porque não
havia na Itália condições históricas, de natureza econômica,
social e civil para que o processo de unificação tomasse um
caminho mais "progressivo". Essa resposta de caráter geral, à
qual também Gramsci tentara aderir – por deformação ideológica, poder-se-ia dizer –, todavia, não podia satisfazê-lo
plenamente. Um ponto incontrovertível de suas convicções
estava no fato de que qualquer situação histórica convoca
as forças em campo para uma interpretação subjetiva de seu
papel, que sempre há para manifestar, em condições concretas, uma iniciativa política capaz de resultar eficiente, e
que, enfim, na política, a derrota não pode ser um destino.
Assim, na reflexão dos *Cadernos*, aquela pergunta tende a ser
reformulada em termos muito mais abertos: em que, como e
por que os moderados se mostraram mais capazes do que os
seus adversários políticos? Quais foram os *trunfos* do partido

moderado? E quais foram os erros do *Partito d'Azione*? Uma vez mais, bem para além do contexto de referência ideológica dentro do qual Gramsci as inscreve, as questões, colocadas nesses termos, revelam-se de extremo interesse.

A supremacia política, a *hegemonia* dos moderados no processo unitário, manifestou-se, antes de tudo, de acordo com Gramsci, pela sua própria capacidade de representar *espontaneamente* "um grupo social relativamente homogêneo", de ser "a vanguarda real, orgânica, das classes altas". Os moderados eram "intelectuais e organizadores políticos e ao mesmo tempo dirigentes de empresas, grandes agricultores ou administradores de propriedades rurais, empresários comerciais e industriais". Exerciam, "de modo espontâneo", um grande poder de atração em relação aos interesses representados e impuseram-se como o ponto de referência de "toda a massa de intelectuais de todos os níveis existentes na península".

O *Partito d'Azione*, ao contrário, não conseguiu exercer em torno de si uma atração sobre as massas que aspirava representar: a pequena e a média burguesia e os camponeses. Para fazer isso, deveria ter contraposto à atividade espontânea dos moderados "um programa orgânico de governo" que refletisse os interesses das "massas populares". Em última instância – prossegue Gramsci, instituindo uma comparação densa com a experiência da Revolução Francesa –, os expoentes do *Partito d'Azione* não souberam ser "jacobinos", ou pelo menos não o foram no sentido da concretude política e da capacidade de realização, porque prevaleceram "os elementos destrutivos resultantes do ódio contra os adversários e os inimigos", o espírito sectário, "de panelinha, de pequeno grupo, de individualismo desenfreado, mais do que o elemento político nacional".

Eis, portanto, a resposta que Gramsci articula à questão da direção política do processo do Ressurgimento. O partido moderado, que também representava uma base social mais restrita e menos progressista, soube impor a própria hegemonia, em primeiro lugar, fazendo referência ao aparato político-diplomático e militar do Estado savoiano*. Nesse sentido, o Piemonte desempenhou uma função de catalisador territorial da perspectiva unitária, também por meio da hábil manobra das condições externas e das oportunidades internacionais. No plano interno, o partido moderado conseguiu, por um lado, derrotar as forças antiunitárias (e, em primeiro lugar, aquelas mais estritamente ligadas aos interesses clericais) e, por outro, conseguiu "dirigir" o próprio

---

* Em 1848, ano que Gramsci proporá mais adiante como o início do Ressurgimento, o Reino da Sardenha, da Casa de Savoia, abrangia o que atualmente se entende pelo departamento francês de Savoia e as atuais regiões italianas da Sardenha, Vale de Aosta, Piemonte, Ligúria e uma pequena parte da Lombardia e da Emília-Romanha, sendo a capital, Turim, um importante centro cultural e político da península. (N. E.)

Partito d'Azione, submetendo-o à sua perspectiva política. A conclusão da expedição garibaldina de conquista do reino meridional* é a melhor demonstração disso. Daí a apreciação que Gramsci reserva ao gênio político de Cavour**. Uma vez consideradas as debilidades e as dificuldades nas quais o seu partido político se encontrava, Cavour levou o partido moderado a uma clamorosa vitória estratégica. Naturalmente, o estigma que teria resultado da nova estruturação nacional seria inevitavelmente marcado pelo caráter tacanho da representação social, por uma dificuldade estratégica em enfrentar o caminho de uma ampliação das suas bases populares. O "transformismo" teria sido ao mesmo tempo a forma e o preço político daquela vitória moderada, que teria prolongado o seu alcance para muito além de 1861. Toda a história das primeiras décadas pós-unificação, compreendida a

---

*   O Reino das Duas Sicílias, que compreendia a Sicília e um amplo território do sul da península, cuja capital, na época, era Nápoles. A expedição comandada por Garibaldi, conhecida como a Expedição dos Mil, partiu de Quarto dei Mille, na Ligúria, na noite de 5 para 6 de maio, com uma tripulação de 1162 voluntários, desembarcando em Marsala, extremo oeste da Sicília, em 11 de maio. Essa expedição iniciou a conquista dos territórios bourbônicos das Duas Sicílias e a unificação da Itália sob a Casa de Savoia. (N. E.)

** Camillo Paolo Filippo Giulio Benso (1810-1861), conde de Cavour. Presidente do conselho de ministros do Reino da Sardenha. Foi um importante articulador político, cuja atuação possibilitou a unificação da Itália pela Casa de Savoia. Era monarquista, representante da direita histórica, conhecido opositor das ideias republicanas mazzinianas e do potencial revolucionário das ações garibaldinas. (N. E.)

da fase após 1876, que vê o advento da esquerda no lugar da direita histórica, é marcada, segundo Gramsci, pelo desenvolvimento da hegemonia moderada e, inversamente, pelos resultados da derrota histórica do *Partito d'Azione*.

Chega-se assim a uma última pergunta essencial, que domina as páginas dos *Cadernos* a propósito da história italiana: quais foram as relações entre o antes e o depois, entre o Ressurgimento e a fase seguinte? Trata-se de uma pergunta crucial, uma vez que todas as páginas que Gramsci dedica ao tema do *Ressurgimento* parecem mais voltadas a dar conta do *processo* histórico que se iniciou com a unificação do que a explicar as razões e os procedimentos que levaram à unificação. São os *desdobramentos do processo* da formação social italiana que constituem o interesse primordial de Gramsci: os termos daquela "revolução sem revolução", daquela "revolução passiva" que teria representado, a seus olhos, uma fase de atraso e de impasse, de compressão das melhores energias do país. Aqui a análise histórica se reconecta necessária e imediatamente à interpretação da fase política. O cenário interpretativo da história da Itália contemporânea está ocupado, nos anos em que Gramsci escreve, por duas "leituras" grandes e divergentes da história da Itália liberal: a leitura desenhada por Benedetto Croce na *Storia d'Italia dal 1871 al 1915* [História da Itália de 1871 a 1915] e a traçada por Gioacchino Volpe em *L'Italia in cammino* [A Itália a caminho]. Dois livros publicados quase simultaneamente (entre 1927 e 1928), escritos em polêmica direta, explícita e recíproca. Dois livros (e duas personalidades intelectuais) que despontam na discussão político-civil daqueles anos e que são os verdadeiros interlocutores dessas páginas gramscianas. Benedetto Croce, que vê na história pós-unificação os elementos de um desenvolvimento positivo, de uma progressiva conquista de liberdade, drasticamente colocada em discussão pela tragédia da guerra mundial e pela perigosa irrupção totalitária do fascismo. Gioacchino Volpe, que vê na Itália saída do Ressurgimento um país contraditoriamente *a caminho*, dividido, quando não despedaçado, por impulsos diferentes e opostos, dedicado arduamente a conquistar uma ampliação de sua base social, que apenas um movimento autenticamente "nacional" como o fascismo poderia ter finalmente reintegrado.

Os dois livros representam da forma mais icástica possível as posições dos dois adversários. De margens opostas, ambos medem a profundidade da derrota política do comunista Gramsci, já fechado irremediavelmente entre os muros de uma prisão. Nem a Itália liberal, dominada pelo fascismo, nem o regime despótico e totalitário que se instaurou em seu lugar podem ser explicados como o resultado *mecânico* da história do Ressurgimento. Nem Gramsci, por outro lado, pode imputar de modo simplista a derrota de seu partido político à falta de condições históricas que deveriam ter patrocinado sua vitória.

A história da Itália liberal torna-se então, para Gramsci, a pedra de toque para mensurar a sua capacidade de analisar as forças em ação, os pressupostos dessas forças, suas articulações concretas, seus desdobramentos.

As próximas páginas documentam a riqueza de uma análise semelhante. A derrota histórica das hipóteses federalistas de Ferrari e Cattaneo; a vitória de um modelo burocrático-centralista; os resultados da Questão Romana e a construção de um bloco clerical em contínua oposição ao novo Estado; a cisão territorial entre cidade e campo e o nascimento da "questão meridional"; o "jacobinismo" radical de Crispi e o acordo transformista de Giolitti: as páginas dos *Cadernos* enfrentam os nós de uma reflexão sobre a história da Itália pós-unificação que conduz ao tempo de Gramsci, ao *seu* presente.

A finalidade é "política", mas o rigor da análise histórica, a perspicácia e a inteligência na interpretação dos fatos não podem e não devem ser sacrificados a nenhum esquema de natureza ideológica preconcebida. E é realmente incrível como Gramsci consegue submeter a essa finalidade a exígua quantidade e a escassa e desigual qualidade das "fontes" de que dispunha na prisão: alguns artigos de jornal e de revista, uma mirrada pilha de livros, além da memória das coisas lidas e estudadas em sua época.

No método, assim como no mérito, o resultado é espantoso. É na história italiana, na análise de suas dinâmicas, nas passagens em que se veem enfileirar seus protagonistas individuais, na labuta e no embate de seus componentes sociais, territoriais, intelectuais e políticos, que é preciso buscar uma resposta à pergunta de como foi possível o presente que temos diante de nós. É essa labuta – apenas – que pode restituir o sentido não retórico de uma "nação", com todas as suas diretrizes, suas bifurcações, suas contradições, seus pontos de força.

Um século e meio depois da Unificação, e oitenta anos depois dos *Cadernos*, a lição de história de Gramsci ainda nos parece bela, forte e atualíssima.

Antonio Gramsci

O RESSURGIMENTO E A UNIFICAÇÃO DA ITÁLIA

Os textos dos *Cadernos do cárcere* aqui reproduzidos foram extraídos da edição crítica, organizada por Valentino Gerratana (Einaudi, Turim, 1975, vol. i-iv). No fim de cada subcapítulo, entre parênteses, são citados o número do caderno e o número do trecho do qual o texto foi extraído.

Os títulos das seções são editoriais. Os títulos dos subcapítulos são normalmente os gramscianos; em poucos casos, preferiu-se como título o *incipit* do próprio subcapítulo. A numeração dos subcapítulos é editorial.

Os textos reunidos no Apêndice são tirados de artigos ou documentos políticos escritos por Gramsci no período anterior à prisão. Para cada um deles, a data, o lugar e as circunstâncias são indicadas por um asterisco.

I. A "Era do Ressurgimento" e suas interpretações

1. Quando se deve estabelecer o início do Ressurgimento italiano

Quando se deve estabelecer o início do movimento histórico que tomou o nome de Ressurgimento italiano? As respostas são diversas e contraditórias, mas em geral elas se agrupam em duas séries: 1) a dos que desejam afirmar a origem autônoma do movimento nacional italiano, e até mesmo afirmam que a Revolução Francesa falsificou a tradição italiana e a desviou; 2) e a dos que afirmam que o movimento nacional italiano é estritamente dependente da Revolução Francesa e de suas guerras.

A questão histórica é perturbada por interferências sentimentais e políticas e por preconceitos de todo tipo. Já é difícil fazer que o senso comum entenda que uma Itália como aquela formada na década de 1870 nunca havia existido anteriormente e não poderia existir: o senso comum é levado a crer que o que existe hoje sempre existiu e que a Itália tenha sempre existido como nação unificada, que jamais tenha sido sufocada por forças estrangeiras etc. Numerosas ideologias contribuíram para reforçar essa crença, alimentada pelo desejo de parecerem herdeiros do mundo antigo etc.; essas ideologias, por outro lado, tiveram uma função notável como terreno de organização política e cultural etc.

Parece-me que seria necessário analisar todo o movimento histórico, partindo de diversos pontos de vista, até o momento em que os elementos essenciais da unidade nacional se unificam e se transformam em uma força suficiente para alcançar o objetivo, o que me parece ter acontecido apenas depois de 1848. Esses elementos são negativos (passivos) e positivos (ativos), nacionais e internacionais. Um elemento bastante antigo é a consciência da "unidade cultural" que existiu entre os intelectuais italianos pelo menos a partir de 1200, ou seja, desde quando se desenvolveu uma língua literária unificada (o vulgar ilustre de Dante): mas este é um elemento sem eficácia direta sobre os acontecimentos históricos, ainda que tenha sido o mais aproveitado pela retórica patriótica e, de resto, nem coincide ou é expressão de um sentimento nacional concreto e operante. Outro elemento é a consciência da necessidade de independência da península italiana da influência estrangeira, muito menos difundido do que o primeiro, mas com certeza politicamente mais importante e historicamente mais fecundo em termos de resultados práticos; mas também não se deve exagerar a importância, o significado e, especialmente, a difusão e a profundidade desse elemento. Esses dois elementos são próprios de pequenas minorias de grandes intelectuais e nunca se manifestaram como expressão de uma consciência nacional unitária densa e difusa.

Condições para a unidade nacional: 1) a existência de certo equilíbrio das forças internacionais que fosse a premissa da unidade italiana. Isso se verificou após 1748, ou seja, depois da queda da hegemonia francesa e da exclusão absoluta da hegemonia hispano-austríaca, mas desapareceu novamente após 1815: todavia, o período de 1748 a 1815 teve grande importância na preparação da unificação, ou melhor, teve grande importância para o desenvolvimento dos elementos que deveriam conduzir à unificação. Entre os elementos internacionais, é preciso considerar a posição do papado, cuja força no âmbito italiano estava vinculada à força internacional: o regalismo e o josefinismo, a primeira afirmação liberal e laica do Estado, são elementos essenciais para a preparação da unidade. De elemento negativo e passivo, a situação internacional se transforma em elemento ativo após a Revolução Francesa, e as guerras napoleônicas, que estendem o interesse político e nacional à pequena burguesia e aos pequenos intelectuais, fornecem alguma experiência militar e criam certo número de oficiais italianos. A fórmula "república una e indivisível" adquire certa popularidade e, apesar de tudo, o *Partito d'Azione* procede da Revolução Francesa e de suas repercussões na Itália; essa fórmula é adaptada para "Estado único e indivisível", para monarquia única e indivisível, centralizada etc.

A unidade nacional teve um determinado desenvolvimento em vez de outro, e os motores desse desenvolvimento foram o Estado piemontês e a dinastia de Savoia. Por isso, é necessário observar qual foi o desenvolvimento histórico no Piemonte do ponto de vista nacional. O Piemonte teve interesse, de 1492 em diante (ou seja, no período das supremacias estrangeiras), em que houvesse um equilíbrio interno entre os Estados italianos, como premissa da independência (ou seja, da não influência dos grandes Estados estrangeiros): naturalmente, o Estado piemontês desejaria ser hegemônico na Itália, pelo menos na Itália setentrional e central, mas não conseguiu: Veneza era muito forte etc.

O Estado piemontês torna-se motor real da unificação após 1848, ou seja, após a derrota da direita e do centro político piemontês e do advento dos liberais com Cavour. A direita: Solaro della Margarita, ou seja, os "nacionalistas piemonteses exclusivistas" ou municipalistas (a expressão "municipalismo" decorre da concepção de uma unidade italiana latente e real, de acordo com a retórica patriótica); o centro: Gioberti e os neoguelfos. Mas os liberais de Cavour não são apenas jacobinos nacionais: na realidade, eles superam a direita de Solaro, porém não qualitativamente, porque concebem a unidade como ampliação do Estado piemontês e do patrimônio da dinastia, não como movimento nacional vindo de baixo, mas como conquista régia. Um elemento mais propriamente nacional é o *Partito d'Azione* etc. [...].

Seria interessante e necessário reunir todas as asserções a propósito da questão da origem do Ressurgimento em sentido próprio, ou seja, do movimento que levou à unificação territorial e política da Itália, lembrando que muitos também chamam de Ressurgimento o despertar das forças "autóctones" italianas após o ano 1000, ou seja, o movimento que levou às Comunas e ao Renascimento. Todas essas questões sobre as origens derivam do fato de que a economia italiana era muito fraca, e o capitalismo, incipiente: não existia uma classe burguesa forte e difusa, mas, em vez disso, muitos intelectuais e pequenos burgueses etc. O problema não era tanto desembaraçar dos obstáculos jurídicos e políticos antiquados as forças econômicas já desenvolvidas quanto criar as condições gerais para que essas forças econômicas pudessem nascer e se desenvolver a partir de modelos de outros países. A história contemporânea oferece um modelo para compreender o passado italiano: existe hoje uma consciência cultural europeia, e existe uma série de manifestações de intelectuais e homens políticos que afirmam a necessidade de uma união europeia: pode-se até dizer que o processo histórico tende a essa união e que existem muitas forças materiais que poderão desenvolver-se somente nessa união: se dentro de x anos essa união se realizar, a palavra "nacionalismo" terá o mesmo valor arqueológico da atual "municipalismo" [...].

(Caderno 6, § 78)

2. A Era do Ressurgimento

L'Età del Risorgimento [A Era do Ressurgimento], de Adolfo Omodeo (Ed. Principato, Messina). Esse livro de Adolfo Omodeo parece ter falhado em seu conjunto. Ele é a reelaboração de um manual escolar, do qual conserva muitas características. [...]

Do ponto de vista europeu, foi a época da Revolução Francesa, e não a do Ressurgimento italiano, a do liberalismo como concepção geral da vida e como nova forma de civilização estatal e de cultura, e não apenas do aspecto "nacional" do liberalismo. Certamente é possível falar de uma era do Ressurgimento, mas nesse caso é preciso restringir a perspectiva e colocar em foco a Itália, não a Europa, desenvolvendo somente os nexos, da história europeia e mundial, que modificam a estrutura geral das relações de força internacionais que se opunham à formação de um grande Estado unificado na península reprimindo toda iniciativa nesse sentido, sufocando-a na origem e elaborando um estudo das correntes que, ao contrário, a partir do mundo internacional exercem influência sobre a Itália, estimulando suas forças autônomas e locais de mesma natureza e fortalecendo-as. Ou seja, existe uma Era do Ressurgimento na história que se desenrolou na península italiana, mas não existe na história da Europa como tal: nela corresponde a Era da Revolução Francesa e do liberalismo (como foi tratada por Croce, de modo deficiente, porque no quadro de Croce faltam a premissa, a revolução na França e as guerras sucessivas: as derivações históricas são apresentadas como fatos em si, autônomos, que têm em si as próprias razões de ser, e não como parte de um mesmo nexo histórico, do qual a Revolução Francesa e as guerras não podem deixar de ser um elemento essencial e necessário).

O que significa, ou pode significar, o fato de Omodeo começar sua narrativa pela Paz de Aachen, que põe fim à guerra pela sucessão da Espanha? Omodeo não "argumenta", não "justifica" esse seu critério metodológico, não mostra ser essa a expressão do fato de que determinado nexo histórico europeu é, ao mesmo tempo, nexo histórico italiano, que deve ser necessariamente inserido no desenvolvimento da vida nacional italiana. Isso, ao contrário, pode e deve ser "declarado". A personalidade nacional exprime uma "particularização" em relação ao complexo internacional; portanto, ela está ligada às relações internacionais. Há um período de domínio estrangeiro na Itália, por algum tempo domínio direto, posteriormente de caráter hegemônico (ou misto, de domínio direto e de hegemonia). A queda da península sob o domínio estrangeiro no século XVI já havia provocado uma reação: a de orientação nacional-democrática de Maquiavel, que exprimia, ao mesmo tempo, a desolação pela independência perdida em determinada forma (a do equilíbrio interno entre os Estados italianos sob a hegemonia da Florença de Lourenço, o Magnífico) e a vontade inicial de lutar para reconquistá-la em uma forma historicamente superior, como principado absoluto, à maneira da Espanha e da França.

No século XVIII, o equilíbrio europeu, Áustria-França, entra numa nova fase em relação à Itália: há um enfraquecimento recíproco das duas grandes potências, e surge uma terceira grande potência, a Prússia. Portanto, as origens do movimento do Ressurgimento, ou seja, do processo de formação das condições e das relações internacionais que permitirão à Itália reunir-se como nação e às forças internas nacionais desenvolver-se e expandir-se, não devem ser buscadas neste ou naquele acontecimento concreto assentado em uma ou outra data, mas justamente no próprio processo histórico que vinha transformando o conjunto do sistema europeu. Esse processo, no entanto, não é independente dos eventos internos da península e das forças nela estabelecidas. Um elemento importante e eventualmente decisivo dos sistemas europeus sempre havia sido o papado. No decorrer do século XVIII, o enfraquecimento da posição do papado como potência europeia é absolutamente catastrófico. Com a Contrarreforma, o papado tinha modificado essencialmente a estrutura do seu poder: tinha-se afastado das massas populares, tinha-se tornado partidário de guerras de extermínio, tinha-se confundido com as classes dominantes de modo irremediável. Assim, havia perdido a capacidade de influenciar tanto direta quanto indiretamente os governos por meio da pressão das massas populares fanáticas e fanatizadas: é digno de nota que justamente enquanto Bellarmino elaborava a sua teoria sobre o domínio direto da Igreja, esta, com sua atividade concreta, destruía as condições de toda a sua dominação, afastando-se das massas populares. A política regalista das monarquias esclarecidas é a manifestação dessa exautoração da Igreja como potência europeia e, portanto, italiana, e também dá início ao Ressurgimento, se é verdade, como é verdade que o Ressurgimento fosse possível apenas em função de um enfraquecimento do papado, seja como potência europeia, seja como potência italiana, enfim, como uma força capaz de reorganizar os Estados da península sob sua hegemonia. Mas todos esses são elementos condicionantes; ainda não foi feita uma demonstração, historicamente válida, de que na Itália, já no século XVIII, estavam constituídas forças que tendessem concretamente a fazer da península um organismo político unitário e independente.

(Caderno 19, § 2)

3. As origens do Ressurgimento

As pesquisas sobre as origens do movimento nacional do Ressurgimento são quase sempre viciadas pela tendenciosidade política imediata, não apenas por parte dos escritores italianos, mas também por parte dos estrangeiros, especialmente os franceses (ou sob a influência da cultura francesa). Há uma "doutrina" francesa sobre as origens do Ressurgimento segundo a qual a nação italiana deve sua sorte à França, especialmente aos dois Napoleões, e essa doutrina também tem seu aspecto polêmico-negativo: os nacionalistas monárquicos (Bainville) censuram os dois Napoleões (e as tendências democráticas em geral instigadas pela Revolução) por terem enfraquecido a posição relativa da França na Europa com a sua política "nacionalitária", ou seja, por terem sido contra a tradição e os interesses da nação francesa, representados pela monarquia e pelos partidos de direita (clericais), sempre anti-italianos, que consistiriam em ter como vizinhos conglomerados de estadinhos, como eram a Alemanha e a Itália no século XVIII.

Na Itália, as questões "tendenciais e tendenciosas" colocadas a esse propósito são: 1) a tese democrática francófila, segundo a qual o movimento deve-se à Revolução Francesa e é uma derivação direta dela, o que determinou a tese oposta; 2) a Revolução Francesa, com sua intervenção na península, interrompeu o movimento "verdadeiramente" nacional, tese que tem um duplo aspecto: *a*) o jesuítico (para quem os sanfedistas eram o único elemento "nacional" respeitável e legítimo) e *b*) o moderado, que se refere, de preferência, aos princípios reformadores, às monarquias esclarecidas. Alguém depois acrescenta: *c*) o movimento reformador tinha sido interrompido pelo pânico suscitado pelos acontecimentos na França; portanto, a intervenção dos exércitos franceses na Itália não interrompeu o movimento autóctone, mas, pelo contrário, tornou possível sua retomada e realização.

Muitos desses elementos são desenvolvidos naquela literatura que se indica sob a rubrica de "Interpretação do Ressurgimento italiano", literatura que, se tem algum significado na história da cultura política, tem-no apenas insuficientemente para a historiografia.

Em um artigo bastante notável de Gioacchino Volpe, "Una scuola per la storia dell'Italia moderna" [Uma escola para a história da Itália moderna] (no *Corriere della Sera* de 9 de janeiro de 1932), está escrito:

> Todos sabem: para entender o Ressurgimento não basta retroceder a 1815 ou a 1796, o ano em que Napoleão irrompeu na Península e ali provocou uma tempestade. O Ressurgimento, como revitalização italiana, como formação de uma nova burguesia, como consciência crescente dos problemas não apenas municipais e regionais, mas nacionais, como sensibilidade para certas exigências ideais, precisa ser buscado muito antes da Revolução: ele também é sintoma, um dos sintomas, de uma revolução em marcha, não apenas francesa, mas, em certo sentido, mundial. Todos sabem igualmente que a história do Ressurgimento não se estuda apenas com os documentos italianos e como fato somente italiano, mas no quadro da vida europeia. Trata-se de correntes de cultura, de transformações econômicas, de novas situações internacionais, que requerem dos italianos novos pensamentos, novas atividades, nova organização política.

Nessas palavras de Volpe está resumido aquele que deveria ter sido o objetivo de Omodeo em seu livro, mas que em Omodeo permanece desconexo e superficial. Tem-se a impressão, seja pelo título, seja pela estruturação cronológica, que o livro de Omodeo tenha apenas desejado prestar uma homenagem "polêmica" à tendenciosidade histórica, e não à história, por razões pouco claras de "concorrência" oportunista e, de toda forma, pouco apreciáveis.

No século XVIII, uma vez mudadas as condições relativas da península no quadro das relações europeias, tanto no que diz respeito à pressão hegemônica das grandes potências, que não podiam permitir o surgimento de um Estado italiano unificado, quanto no que diz respeito à posição de potência política (na Itália) e cultural (na Europa) do papado (e muito menos as grandes potências europeias poderiam permitir um Estado italiano unificado sob a supremacia do papa, ou seja, permitir que a função cultural da Igreja e a sua diplomacia, já bastante inconvenientes e limitadoras do poder estatal nos países católicos, se reforçassem apoiando-se em um grande Estado territorial e em um exército correspondente), mudam também a importância e o significado da tradição literário-retórica enaltecedora do passado romano, da glória das Comunas e do Renascimento e da função universal do papado italiano. Esse clima cultural italiano tinha permanecido até então indistinto e genérico; ele convinha especialmente ao papado, formava o terreno ideológico do poderio papal no mundo, o elemento discriminativo para a seleção e a educação do pessoal eclesiástico e laico-eclesiástico, de quem o papado tinha necessidade para a sua organização prático-administrativa, para centralizar o organismo eclesiástico e a sua influência, para todo o conjunto da atividade política, filosófica, jurídica, publicística e cultural que constituía a máquina para o exercício do poder indireto, depois que, no período anterior à Reforma, tinha servido ao exercício do poder direto ou daquelas funções de poder direto que se podiam concretizar no sistema de relações de força internas de todo país católico. No século XVIII, inicia-se um processo de distinção nessa corrente tradicional: uma parte, cada vez mais conscientemente (por um programa explícito), conecta-se à instituição do papado como expressão de uma função intelectual (ético-política, de hegemonia intelectual e civil) da Itália no mundo e acabará exprimindo o *Primado* giobertiano (e o neoguelfismo, por uma série de movimentos mais ou menos equivocados, como o sanfedismo e o primeiro período do lamennaisismo, examinados na seção relativa à "Ação Católica" e suas origens) e, em seguida, com a concretização, de forma orgânica, sob a direção imediata do próprio Vaticano, do movimento da Ação Católica, no qual a função da Itália como nação é reduzida ao mínimo (ao contrário daquela parte do pessoal vaticano central que é italiana, mas não pode colocar em destaque, como antigamente, o seu ser italiano); e desenvolve-se uma parte "laica", ou melhor, em oposição ao papado, que procura reivindicar uma função de primado italiano e de missão italiana no mundo, independentemente do papado. Essa segunda parte, que jamais se pode referir a um organismo ainda tão poderoso quanto a Igreja romana e que precisa, portanto, de um ponto único de centralização, não tem a mesma coesão, a mesma homogeneidade e disciplina do que a outra parte, tem várias linhas de desenvolvimento interrompidas e, pode-se dizer, converge para o mazzinianismo.

O que é importante historicamente é que, no século XVIII, essa tradição começa a se desagregar para se concretizar melhor e começa a se mover com uma dialética interna: isso significa que tal tradição literário-retórica está se transformando em um fermento político, o instigador e o organizador do terreno ideológico no qual as forças políticas efetivas conseguirão determinar a filiação, ainda que atabalhoada, de massas populares maiores, necessárias para alcançar certos objetivos, e conseguirão colocar em xeque o próprio Vaticano e as outras forças de reação existentes na península ao lado do papado. Que o movimento liberal tenha logrado suscitar a força católico-liberal e conseguir que o próprio Pio IX se pusesse, ainda que por pouco, no terreno do liberalismo (o suficiente para desmantelar o aparelho político-ideológico do catolicismo e tirar-lhe a autoconfiança), foi a obra-prima política do Ressurgimento e um dos pontos mais importantes de dissolução dos velhos nós que tinham impedido até então que se pensasse concretamente na possibilidade de um Estado italiano unitário.

(Se esses elementos da transformação da tradição cultural italiana se colocam como elemento necessário no estudo das origens do Ressurgimento, e a desagregação de tal tradição é concebida como fato positivo, como condição necessária para o surgimento e o desenvolvimento do elemento ativo liberal-nacional, então adquirem algum significado, não desprezível, movimentos como o "jansenista", que de outra forma pareceriam simples curiosidades de eruditos. Tratar-se-ia, enfim, de um estudo dos "corpos catalíticos" no campo histórico-político italiano, elementos catalisadores, que não deixam rastros de si, mas que tiveram uma insubstituível e necessária função instrumental na criação do novo organismo histórico.)

Alberto Pingaud, autor de um livro sobre *Bonaparte, président de la République Italienne* [Bonaparte, presidente da República Italiana], e que está preparando outro livro sobre *Le premier Royaume d'Italie* [O primeiro Reino da Itália] (que já foi publicado quase inteiramente, espalhado em diversos periódicos), está entre aqueles que "colocam em 1814 o ponto de partida, e na Lombardia o lar do movimento político que terminou em 1870 com a tomada de Roma". Baldo Peroni, que, na *Nuova Antologia* [Nova Antologia], de 16 de agosto de 1932, analisa esses escritos ainda dispersos de Pingaud, observa:

O nosso Ressurgimento – entendido como despertar político – começa quando o amor pela pátria deixa de ser uma vaga aspiração sentimental ou um tema literário e se torna pensamento consciente, paixão que tende a se traduzir em realidade por meio de uma ação que se desenvolve com continuidade e não se detém diante dos mais árduos sacrifícios. Ora, tal transformação já ocorreu na última década do século XVIII, e não apenas na Lombardia, mas também em Nápoles, no Piemonte, em quase todas as regiões da Itália. Os "patriotas" que, entre 1789 e 1796, são mandados para o exílio ou sobem ao cadafalso não apenas conspiraram para instaurar a república, mas também para dar à Itália independência e unidade; e, nos anos seguintes, é o amor pela independência que inspira e anima a atividade de toda a classe política italiana, tanto ao colaborar com os franceses, quanto ao tentar movimentos de insurreição, no momento em que fica evidente que Napoleão não quer conceder a liberdade solenemente prometida.

Peroni, de toda forma, não considera que o movimento italiano deva ser procurado antes de 1789, ou seja, ele afirma uma dependência do Ressurgimento em relação à Revolução Francesa, tese que não é aceita pela historiografia nacionalista. Todavia, parece verdade o que Peroni afirma, se se considerar o fato específico e de importância decisiva do primeiro agrupamento dos elementos políticos que se desenvolverá até formar o conjunto dos partidos que serão os protagonistas do Ressurgimento. Se no correr do século XVIII começam a aparecer e a se consolidar as condições objetivas, internacionais e nacionais, que fazem da unificação nacional uma tarefa historicamente concreta (ou seja, não apenas possível, mas necessária), é certo que apenas após 1789 essa tarefa se torna consciente em grupos de cidadãos prontos para a luta e para o sacrifício. Ou seja, a Revolução Francesa é um dos acontecimentos europeus que mais agem para aprofundar o movimento já iniciado nas "coisas", reforçando as condições positivas (objetivas e subjetivas) do próprio movimento e funcionando como um elemento de agregação e centralização das forças humanas espalhadas por toda a península e que de outra forma teriam demorado mais para "se reunir" e se entender.

A propósito desse mesmo tema, deve-se ver o artigo de Gioacchino Volpe: "Storici del Risorgimento a Congresso" [Historiadores do Ressurgimento em congresso], em *Educazione Fascista*, de julho de 1932. Volpe informa sobre o Vigésimo Congresso da Sociedade Nacional para a História do Ressurgimento, ocorrido em Roma em maio e junho de 1932. A história do Ressurgimento foi, de início, concebida predominantemente como "história do patriotismo italiano". Depois ela começou a se aprofundar, "a ser vista como vida italiana do século XIX, e quase dissolvida no quadro daquela vida, completamente apanhada em um processo de transformação, coordenação, unificação, ideais e na vida prática, cultura e política, interesses privados e públicos". Do século XIX, volta-se ao século XVIII, e foram vistos nexos antes escondidos etc. O século XVIII

> [...] foi visto pelo ângulo do Ressurgimento, ou melhor, foi visto, também ele, como Ressurgimento; com sua burguesia finalmente nacional: *com o seu liberalismo que se choca com a vida econômica e com a vida religiosa, e depois com a vida política, e que não é tanto um "princípio" quanto uma exigência de produtores*; com as primeiras aspirações concretas a "alguma forma de unidade" (Genovesi), pela insuficiência dos Estados individuais, enfim reconhecida, para enfrentar, com sua economia limitada, a economia invasiva de países muito maiores e mais fortes. No mesmo século também se delineava uma nova situação internacional. Ou seja, entravam plenamente em

jogo as forças políticas europeias interessadas em uma organização mais independente e coesa da península italiana, e menos estaticamente equilibrada. Enfim, uma nova "realidade" italiana e europeia, que dá significado e valor também ao nacionalismo dos literatos, ressurgido após o cosmopolitismo da era precedente.

Volpe não se refere especificamente à relação nacional e internacional representada pela Igreja, que sofre, igualmente, uma radical transformação no século XVIII: a dissolução da Companhia de Jesus, com a qual culmina o fortalecimento do Estado laico contra a ingerência eclesiástica etc. Pode-se dizer que hoje, para a historiografia do Ressurgimento, dado o novo influxo exercido após a Concordata*, o Vaticano

---

* Parte do Tratado de Latrão, assinado por Benito Mussolini, primeiro-ministro do Reino da Itália, e Pietro Gasparri, cardeal secretário de Estado da Santa Sé, durante o papado de Pio XI, que estabelecia a soberania da Santa Sé, criava o Estado do Vaticano, regulava a função da religião e da Igreja Católica no Estado italiano e definia compensações econômicas pelas perdas territoriais e de propriedades dos Estados Pontifícios tomados pelo Reino da Itália durante a unificação. A Concordata se refere especificamente ao acordo que regulava a relação entre religião e Estado na Itália, especificando que o catolicismo seria a religião oficial, estabelecendo o ensino confessional obrigatório, impedindo o divórcio e vetando que ex-sacerdotes exercessem cargos públicos na Itália. O Tratado seria inserido na constituição em 1947 e reformulado apenas em 1978, quando o catolicismo deixou de ser a religião oficial da Itália. (N. E.)

tornou-se uma das maiores, se não a maior, forças de resistência científica e de "malthusianismo" metódico. Anteriormente, ao lado dessa força que sempre foi muito relevante, exerciam uma função restritiva do horizonte histórico a monarquia e o medo do separatismo. Muitos trabalhos históricos não foram publicados por essa razão (por exemplo, algum livro de história da Sardenha do barão Manno*, o episódio Bollea** durante a guerra etc.). Os publicistas republicanos tinham-se especializado na história "panfletista", aproveitando toda obra histórica que reconstruísse cientificamente os acontecimentos do Ressurgimento: disso decorreu uma limitação das pesquisas, um prolongamento da historiografia apologética, a impossibilidade de se servir dos arquivos etc.; enfim, toda a mesquinhez da historiografia do Ressurgimento quando comparada à da Revolução Francesa. Hoje, as preocupações monárquicas e separatistas foram-se reduzindo, mas cresceram as do Vaticano e do clero. Uma grande parte dos ataques à *Storia d'Europa* [História da Europa], de Croce, teve, evidentemente, essa origem: assim também

---

* Barão Giuseppe Manno (1786-1868), nascido na ilha da Sardenha, era historiador e estudioso da história do reino sardo. Sua obra mais importante é uma história da Sardenha em quatro volumes, publicada entre 1825 e 1827, antes da unificação. (N. E.)

** Luigi Cesare Bollea (1877-1933), historiador piemontês formado pela Universidade de Turim, fundador da Sociedade Histórica Subalpina, criada em 1896. Ao longo de sua vida, pesquisou de Idade Média a Ressurgimento, mas quase exclusivamente o que dizia respeito à história da região do Piemonte. (N. E.)

se explica a interrupção da obra de Francesco Salata *Per la storia diplomatica della Questione Romana* [Para a história diplomática da Questão Romana], cujo primeiro volume é de 1929 e ficou sem continuação.

No Vigésimo Congresso da Sociedade Nacional para a História do Ressurgimento, foram tratados assuntos de extrema importância para esse comentário. O estudo de Pietro Silva: *Il problema italiano nella diplomazia europea del XVIII secolo* [O problema italiano na diplomacia europeia do século XVIII] é resumido desta maneira por Volpe (no artigo citado):

> O século XVIII significa a influência de grandes potências na Itália, mas também seus conflitos, e, por isso, uma progressiva diminuição do domínio estrangeiro direto e o desenvolvimento de dois fortes organismos estatais a norte e a sul. Com o tratado de Aranjuez, entre a França e a Espanha, em 1752, e, logo depois, com a reaproximação Áustria-Espanha, inicia-se uma estagnação de quarenta anos para os dois reinos, apesar dos muitos esforços em romper o círculo austro--francês, tentando aproximações com a Prússia, Inglaterra e Rússia. Mas esses quarenta anos marcam também o desenvolvimento daquelas forças

autônomas que, com a Revolução e com a ruptura do sistema austro-francês, entrarão em campo para uma solução no sentido nacional e unitário do problema italiano. E eis as reformas e os princípios reformadores, objeto nos últimos tempos de muitos estudos, do reino de Nápoles e da Sicília, da Toscana, Parma e Piacenza, Lombardia.

Carlo Morandi (*Le riforme settecentesche nei risultati della recente storiografia* [As reformas setecentistas nos resultados da historiografia recente]) estudou a posição das reformas italianas no quadro do reformismo europeu e a relação entre reformas e Ressurgimento.

Sobre a relação entre Revolução Francesa e Ressurgimento, Volpe escreve:

> É inegável que a Revolução, quer como ideologias, quer como paixões, quer como força armada, quer como Napoleão, introduz novos elementos no fluxo em movimento da vida italiana. Não menos inegável é que a Itália do Ressurgimento, organismo vivo, assimilando o assimilável daquilo que vinha de fora e que, como ideia, também era uma reelaboração por outros daquilo que já tinha sido elaborado na própria Itália, simultaneamente reage

> a isso, elimina-o, integra-o, e de toda forma o supera. Ela tem tradições próprias, mentalidade própria, problemas próprios, soluções próprias: que, ademais, são a verdadeira e profunda raiz, a verdadeira característica do Ressurgimento, constituem a sua substancial continuidade em relação à era precedente e, por sua vez, o tornam capaz de exercer, também ele, uma ação sobre outros países, da forma como se possam exercer tais ações, não milagrosa, mas historicamente, dentro do círculo de povos vizinhos e afins.

Essas observações de Volpe não são sempre exatas: como se pode falar de "tradições, mentalidade, problemas, soluções" próprios da Itália? Ou, pelo menos, o que isso significa concretamente? As tradições, a mentalidade, os problemas, as soluções eram múltiplos, contraditórios, de natureza frequentemente apenas individual e arbitrária, e não eram jamais vistos então de maneira unitária. As forças que tendiam à unidade eram raríssimas, dispersas, sem nexo entre si e sem capacidade de gerar ligações recíprocas, e isso não apenas no século XVIII, mas, pode-se dizer, até 1848. As forças opostas às unitárias (ou melhor, tendencialmente unitárias) eram, ao contrário, poderosíssimas, aliadas e, particularmente como a Igreja, absorviam a maior parte das capacidades e energias individuais que poderiam ter constituído um novo pessoal nacional dirigente, dando-lhes, em vez disso, uma orientação e uma educação cosmopolita-clerical. Os fatores internacionais, e especialmente a Revolução Francesa, exaurindo essas forças reacionárias e as consumindo, potencializam, por contragolpe, as forças nacionais, escassas em si mesmas e insuficientes. É essa a contribuição mais importante da Revolução Francesa, muito difícil de avaliar e definir, mas que se intui como de peso decisivo na preparação do movimento do Ressurgimento. [...]

(Caderno 19, § 3)

4. Interpretações do Ressurgimento

Existe uma notável quantidade de interpretações, as mais díspares, sobre o Ressurgimento. A própria quantidade delas é uma marca característica da literatura histórico-política italiana e da situação dos estudos sobre o Ressurgimento. Para que um evento ou um processo de acontecimentos históricos possa dar lugar a tal gênero de literatura, é preciso pensar: que ele seja pouco claro e justificado em seu desenvolvimento pela insuficiência das forças "íntimas" que parecem tê-lo produzido, pela escassez dos elementos objetivos "nacionais" aos quais faz referência, pela inconsistência e pela gelatinosidade do organismo estudado (e, de fato, frequentemente se escuta indicar o "milagre" do Ressurgimento). Nem pode justificar semelhante literatura a escassez de documentos (dificuldade de pesquisa nos arquivos etc.), uma vez que, nesse caso, todo o curso do desenvolvimento poderia ser documento de si mesmo: aliás, é justamente irrefutável que a fragilidade orgânica de um complexo "vertebrado" no curso desse desenvolvimento é a origem dessa liberação do "subjetivismo" arbitrário, muitas vezes bizarro e extravagante. Em geral, pode-se dizer que o significado de conjunto dessas interpretações é de caráter político imediato e ideológico, e não histórico. Também o seu alcance nacional é escasso, seja pela tendenciosidade excessiva, seja pela falta de qualquer contribuição construtiva, seja pelo caráter abstrato demais, comumente bizarro e romanceado. Pode-se notar que tal literatura floresce nos momentos mais característicos de crise político-social, quando o distanciamento entre governantes e governados se faz mais grave e parece anunciar eventos catastróficos para a vida nacional; o pânico se difunde entre certos grupos intelectuais mais sensíveis, e multiplicam-se os esforços para determinar uma reorganização das forças políticas existentes, para suscitar novas correntes ideológicas nos desgastados e pouco consistentes organismos de partido, ou para exalar suspiros e gemidos de desespero e de negro pessimismo. Uma classificação racional dessa literatura seria necessária e plena de significado. Por ora, podem-se fixar provisoriamente alguns pontos de referência: 1) um grupo de interpretações em sentido estrito, como aquela contida na *Lotta politica in Italia* [Luta política na Itália] e nos outros escritos de polêmica político-cultural de Alfredo Oriani, que determinou toda uma série de interpretações ao longo dos escritos de Mario Missiroli, como aquelas de Piero Gobetti e de Guido Dorso; 2) um grupo de caráter mais substancial e sério, com pretensões de seriedade e rigor historiográfico, como as de Croce, de Solmi, de Salvatorelli; 3) as interpretações de Curzio Malaparte (sobre a *Italia Barbara*, sobre a luta contra a Reforma protestante etc.), de Carlo Curcio (*L'eredità del Risorgimento*, Florença, La Nuova Italia, 1931, 114 p.) etc*.

Pode-se lembrar os escritos de F. Montefredini (a propósito, ver o ensaio de Croce em *Letteratura della nuova Italia* [Literatura da nova Itália]) entre as "bizarrices", e os de Aldo Ferrari (em livros, opúsculos e artigos da *Nuova Rivista Storica*) como bizarrices e romance ao mesmo tempo; assim também o livrinho de Vincenzo Cardarelli, *Parole all'Italia* [Palavras à Itália] (ed. Vallechi, 1931).

Outro grupo importante é representado por livros como o de Gaetano Mosca, *Teorica dei governi e governo parlamentare*

---

* Ambos os autores citados no item 3 eram muito próximos ao fascismo, enquanto os citados nos outros itens são liberais que se opõem total ou parcialmente ao fascismo, ou são pouco anteriores ao fascismo. Tal distinção ajuda a explicitar o que Gramsci indica como "tendenciosidade" de "caráter político imediato e ideológico" anteriormente neste parágrafo. (N. E.)

[Teoria dos governos e governo parlamentar], publicado pela primeira vez em 1883 e reeditado em 1925 (Milão, Soc. An. Istituto Editoriale Scientifico, in-8°, 301 p.); como o de Pasquale Turiello, *Governo e governati* [Governo e governados]; o de Leone Carpi, *L'Italia vivente* [A Itália viva]; o de Luigi Zini, *Dei criteri e dei modi di governo* [Dos critérios e dos modos de governo]; o de Giorgio Arcoleo, *Governo de gabinetto* [Governo de gabinete]; o de Marco Minghetti, *I partiti politici e la loro influenza nella giustizia e nell'amministrazione* [Os partidos políticos e a sua influência na justiça e na administração]; livros de estrangeiros, como o de Laveleye, *Lettere d'Italia* [Cartas da Itália]; o de Von Loher, *La nuova Italia* [A nova Itália] e também o de Brachet, *L'Italie qu'on voit et l'Italie qu'on ne voit pas* [A Itália que se vê e a Itália que não se vê]; além de artigos da *Nuova Antologia* e da *Rassegna Settimanale* (de Sonnino), de Pasquale Villari, de R. Bonghi, de G. Palma etc., até o famoso artigo de Sonnino na *Nuova Antologia*, "Torniamo allo Statuto!" [Voltemos ao Estatuto!].

Essa literatura é consequência da queda da direita histórica, da chegada ao poder da chamada esquerda* e das inovações "concretas" introduzidas no regime constitucional para

---

* Esquerda, aqui, não tem o sentido contemporâneo, não se referindo aos comunistas, anarquistas ou socialistas. Aqui Gramsci se refere à chamada esquerda histórica, de influência mazziniana e garibaldina, um liberalismo progressista, republicano, laico, em defesa do sufrágio universal. *Grosso modo*, poder-se-ia dizer que se refere a um jacobinismo italiano. (N. E.)

direcioná-lo a uma forma de regime parlamentar. Em sua maior parte são lamúrias, censuras, julgamentos pessimistas e catastróficos sobre a situação nacional, e esse fenômeno é mencionado por Croce nos primeiros capítulos de sua *Storia d'Italia dal 1871 al 1915*; a essa manifestação se contrapõe a literatura dos epígonos do *Partito d'Azione* (é típico o livro póstumo do abade Luigi Anelli, recentemente publicado, com notas e comentários, por Arcangelo Ghisleri), seja em livros ou em opúsculos e em artigos de revista, incluindo-se aí os mais recentes publicistas do partido republicano.

Pode-se notar o seguinte nexo entre as várias épocas de florescimento dessa literatura pseudo-histórica e pseudocrítica: 1) literatura produzida por elementos conservadores, furiosos por causa da queda da direita e da *Consorteria** (ou seja, por causa da redução da importância de certos grupos de grandes proprietários de terra e da aristocracia na vida estatal, já que não se pode falar de uma substituição de classe), irascível, rancorosa, hostil, sem elementos construtivos, sem referências históricas a qualquer tradição, porque no passado não existe nenhum ponto de referência reacionário que possa ser proposto para uma restauração com certo pudor e alguma dignidade: no passado existem os velhos

---

* No final do século XIX, esse termo era comumente empregado para indicar um pequeno grupo de parlamentares que fossem expoentes da direita histórica, formadores de opinião pública e influentes no parlamento italiano. (N. E.)

regimes regionais e as influências do Papa e da Áustria. A "acusação" feita ao regime parlamentar de não ser "nacional", mas copiado de exemplares estrangeiros, permanece uma recriminação vazia, sem consistência, que somente esconde o pânico de uma também pequena intervenção das massas populares na vida do Estado; a referência a uma "tradição" italiana de governo é necessariamente vaga e abstrata, porque tal tradição não tem perspectivas historicamente relevantes: em todo o passado, jamais existiu uma unidade territorial-estatal italiana, a perspectiva da hegemonia papal (própria da Idade Média até o período do domínio estrangeiro) já foi subvertida com o neoguelfismo etc. (Essa perspectiva, enfim, será encontrada na época romana, com oscilações, de acordo com os partidos, entre a Roma republicana e a Roma cesárea, mas o fato terá um novo significado e será característico de novas diretrizes imprimidas às ideologias populares.)

Essa literatura reacionária antecede a do grupo Oriani-Missiroli, que tem um significado mais popular-nacional, e esta última antecede a do grupo Gobetti-Dorso, que possui ainda outro significado mais atual. De toda forma, também essas duas novas tendências mantêm um caráter abstrato e literário. Um dos pontos mais interessantes tratados por elas é o problema da falta de uma reforma religiosa na Itália, como a protestante, problema que é posto de modo mecânico e externo, e repete um dos motivos que orientam Masaryk* em seus estudos de história russa.

O conjunto dessa literatura tem importância "documental" para a época em que apareceu. Os livros dos "direitistas" pintam a corrupção política e moral no período da esquerda no poder, mas as publicações dos epígonos do *Partito d'Azione* não apresentam como melhor o período de governo da direita. Fica evidente que não houve qualquer mudança essencial na passagem da direita à esquerda: o marasmo em que se encontra o país não se deve ao regime parlamentar (que apenas torna público e notório o que antes permanecia escondido ou dava lugar a publicações panfletárias clandestinas), mas à fraqueza e inconsistência orgânica da classe dirigente e à grande miséria e atraso do país. Politicamente, a situação é absurda: à direita estão os clericais, o partido do Sílabo dos Erros, que nega repentinamente toda a civilização moderna e boicota o Estado legal, não apenas impedindo que se constitua um vasto partido conservador, mas mantendo o país sob a impressão da precariedade e insegurança do novo Estado unificado; no centro estão todas

---

* Tomáš Masaryk (1850-1937), sociólogo, filósofo, pedagogo e político tchecoslovaco. Foi presidente da Tchecoslováquia de 1918 a 1935. Converteu-se ao protestantismo e, em sua obra *Russland und Europa*, relaciona o contexto social russo com a questão religiosa, conferindo importância à Reforma para as mudanças sociais ocorridas na Europa. (N. E.)

as gamas liberais, dos moderados aos republicanos, sobre os quais agem todas as lembranças do ódio do tempo das lutas e que se atormentam implacavelmente; à esquerda, o país miserável, atrasado, analfabeto, que expressa de forma esporádica, descontínua e histérica uma série de tendências subversivo-anarcoides* sem consistência nem orientação política concreta, que mantêm um estado febril sem futuro construtivo. Não existem "partidos econômicos", mas grupos de ideólogos *déclassés* de todas as classes, galos que anunciam um sol que nunca quer nascer.

Os livros do grupo Mosca-Turiello começaram a voltar à moda nos anos anteriores à guerra (pode-se ver na *Voce* a contínua menção a Turiello), e o livro juvenil de Mosca foi reeditado em 1925 com algumas notas do autor para lembrar que se trata de ideias de 1883, e que o autor, em 1925, não está mais de acordo com o escritor de vinte e quatro anos de 1883. A reedição do livro de Mosca é um dos muitos episódios da inconsciência e do diletantismo político dos liberais no primeiro e no segundo momento do pós-guerra. De resto, o livro é tosco, confuso, escrito apressadamente por

---

* O sufixo "-oide" indica forma, aparência, aspecto. Ou seja, não se refere a tendências anarquistas de fato organizadas, como acontecerão no início do século xx, mas a eventos de subversão que apenas se assemelham vagamente a algum anarquismo, não tendo, como dito a seguir "consistência nem orientação política concreta", inclusive orientação política de fato anarquista. (N. E.)

um jovem que quer "aparecer" em seu tempo com uma atitude extremista e com palavras pesadas e muitas vezes triviais em sentido reacionário. Os conceitos políticos de Mosca são vagos e titubeantes, o seu preparo filosófico é nulo (e assim permaneceu por toda a sua carreira literária), os seus princípios de técnica política também são vagos e abstratos e têm caráter um tanto jurídico. O conceito de "classe política", cuja afirmação se tornará o centro de todos os escritos de ciência política de Mosca, é de uma labilidade extrema e não é analisado nem justificado teoricamente. Contudo, o livro de Mosca é útil como documento. O autor quer mostrar-se livre de preconceitos, sem papas na língua, e assim termina por colocar em evidência muitos aspectos da vida italiana da época que, de outra forma, não teriam sido documentados. Sobre a burocracia civil e militar, sobre a polícia etc., Mosca oferece quadros eventualmente convencionais, mas com um fundo de verdade (por exemplo, sobre os suboficiais do exército, sobre os delegados de segurança pública etc.). Suas observações são especialmente válidas para a Sicília, pela experiência direta que Mosca tinha daquele ambiente. Em 1925, Mosca havia mudado seu ponto de vista e suas perspectivas, o seu material estava ultrapassado; no entanto, ele reeditou o livro por vaidade literária, pensando em imunizá-lo com algumas notinhas de retratação.

[...]

Todo empenho na interpretação do passado italiano e a série de construções ideológicas e de romances históricos que derivaram daí estão predominantemente ligados à "pretensão" de encontrar uma unidade nacional, pelo menos de fato, em todo o período desde Roma até hoje (e frequentemente também antes de Roma, como no caso dos "pelasgos" de Gioberti e em outros mais recentes). Como foi que nasceu essa pretensão e por que ela resiste até agora? Ela é um sinal de força ou de fraqueza? É o reflexo de novas formações sociais, autoconfiantes, e que buscam no passado e criam para si títulos de nobreza, ou, em vez disso, é o reflexo de uma obscura "vontade de acreditar", um elemento de fanatismo (e de fanatização) ideológico, que deve justamente "sanar" as fraquezas de estrutura e impedir uma temida queda? Esta última parece ser a interpretação correta, somada ao fato da excessiva importância (em relação às formações econômicas) dos intelectuais, ou seja, dos pequenos burgueses em comparação com as classes econômicas mais atrasadas e politicamente incapazes. Realmente, a unidade nacional é sentida como fortuita, porque forças "selvagens", não conhecidas com exatidão, essencialmente destrutivas, agitam-se continuamente em sua base. A ditadura de ferro dos intelectuais e de alguns grupos urbanos somados à propriedade rural mantém a sua coesão apenas provocando os seus elementos militantes com esse mito de fatalidade histórica, mais forte do que qualquer deficiência e qualquer inaptidão política e militar. É nesse terreno que a adesão orgânica das massas popular-nacionais é substituída por uma seleção de "voluntários" da "nação" concebida de modo abstrato. Ninguém pensou que justamente o problema colocado por Maquiavel ao proclamar a necessidade de substituir por milícias nacionais os mercenários temporários e infiéis não se resolverá enquanto o "voluntarismo" não for superado pela ação "popular-nacional" de massa, uma vez que o voluntarismo é solução intermediária, equívoca, tão perigosa quanto o mercenarismo.

O modo de representar os acontecimentos históricos nas interpretações ideológicas da formação italiana poderia ser chamado de "história fetichista": para ela, de fato, tornam-se protagonistas da história "personagens" abstratos e mitológicos. Na *Lotta politica* de Oriani, tem-se o mais popular desses esquemas mitológicos, aquele que deu à luz uma série de filhos degenerados. Ali encontramos a *Federa*ção, a *Unidade*, a *Revolução*, a *Itália* etc. Em Oriani, é clara uma das causas de conceber a história por figuras mitológicas. O cânone crítico de que todo desenvolvimento histórico é documento de si mesmo, que o presente ilumina e justifica o passado, é tornado mecânico, exteriorizado, e é reduzido a uma lei determinista, de essência retilínea e "unilinear" (também porque o horizonte histórico é limitado às fronteiras geográficas nacionais, e o acontecimento é retirado do complexo da história universal, do sistema das relações internacionais às quais, por sua vez, está necessariamente unido). O problema de buscar as origens históricas de um acontecimento concreto e circunstanciado, a formação do Estado italiano moderno no século XIX, é transformado no de perceber esse Estado como Unidade ou como Nação, ou, genericamente, como Itália, em toda a história precedente, assim como o frango deve existir no ovo galado.

Para o estudo desse tema, devem ser vistas as observações críticas de Antonio Labriola nos *Scritti vari* [Vários escritos] (p. 487-90, p. 317-442 *passim*, e no primeiro de seus *Saggi* [Ensaios], nas p. 50-2). Sobre esse ponto, também se deve ver Croce na *Storia della Storiografia* [História da Historiografia], II, p. 227-8 da 1ª edição e, em toda essa obra, o estudo da origem "sentimental e prática" e a "impossibilidade crítica" de uma "história geral da Itália". Outras observações ligadas a essas são as de Antonio Labriola a propósito de uma história geral do cristianismo, que para o autor parecia inconsistente como todas as construções históricas que assumem por tema "entes" inexistentes (cf. III Ensaio, p. 113).

Uma reação concreta no sentido indicado por Labriola pode ser estudada nos escritos históricos (e também políticos) de Salvemini, que não quer saber de "guelfos" e "gibelinos", um partido da nobreza e do império, e outro do povo e do papado, porque ele diz conhecê-los apenas como "partidos locais", combatentes por razões absolutamente locais, que não coincidiam nem com as do papado, nem com as do Império. No prefácio de seu livro *Rivoluzione francese* [Revolução Francesa], pode-se ver teorizada essa atitude de Salvemini com todos os exageros anti-históricos que traz consigo (o livro *Rivoluzione francese* também é passível de crítica sob outros pontos de vista: dizer que a Revolução terminou com a batalha de Valmy é uma afirmação insustentável): "A incontável variedade dos eventos revolucionários" costuma-se atribuir em bloco a um ente "Revolução", em vez de "atribuir cada fato ao indivíduo ou aos grupos de indivíduos reais que foram seus autores". Mas se a história se reduzisse somente a essa busca, seria algo muito miserável e se tornaria, entre outras coisas, incompreensível. É preciso ver como Salvemini resolve concretamente as incongruências que resultam da sua elaboração excessivamente unilateral do problema metodológico, levando em conta essa cautela crítica: se não se conhecesse de outras obras a história aqui contada e tivéssemos apenas este livro, compreenderíamos a série de eventos descrita? Ou seja, trata-se de uma história "integral" ou de uma história "polêmica" e polemicamente complementar, que se propõe apenas (ou consegue, sem que necessariamente se proponha) acrescentar algumas pinceladas a um quadro já esboçado por outros? Essa cautela deveria estar sempre presente em toda crítica, uma vez que, de fato, frequentemente se tem de lidar com obras que "sozinhas" não seriam satisfatórias, mas que podem ser muito úteis no quadro geral de uma determinada cultura, como "integrativas e complementares" de outros trabalhos e pesquisas.

Adolfo Omodeo escreve na *Critica* de 20 de julho de 1932, p. 280:

> Aos patriotas oferecia a tese que Salvemini havia então recolocado em circulação: a da história do Ressurgimento como pequena história, não suficientemente irrigada de sangue; da unificação, mais como o presente de uma sorte favorável do que como uma conquista merecida pelos italianos; do Ressurgimento, obra de minorias, contra a apatia da maioria. Essa tese, gerada pela incapacidade do materialismo histórico de avaliar em si a grandeza moral, sem a estatística empírica dos baldes de sangue derramado e o cômputo dos interesses (tinha uma beleza fácil e estava destinada a se espalhar por todas as revistas e jornais e a deixar os ignorantes denegrirem a obra árdua de Mazzini e de Cavour), essa tese servia de base a Marconi para uma argumentação moralista sobre o estilo *vociano*.

(Omodeo escreve sobre Piero Marconi, morto na guerra, e sobre a sua publicação *Io udii il comandamento* [Eu ouvi o mandamento], Florença, sem data.)

Mas o próprio Omodeo, em seu livro *L'Età del Risorgimento*, não conseguiu dar uma interpretação e uma reconstrução que não fosse extrínseca e ostentatória. Que o Ressurgimento tenha sido a contribuição italiana ao grande movimento europeu do século XIX não significa, sem dúvida, que a hegemonia do movimento estivesse na Itália, e nem mesmo que o próprio movimento não tenha sido seguido com relutância e contrariedade até pela "maioria da minoria" ativa. A grandeza individual de Cavour e Mazzini se destaca ainda mais na perspectiva histórica, como a palmeira no deserto. As observações críticas de Omodeo à concepção do Ressurgimento como "pequena história" são maliciosas e triviais, e ele também não consegue compreender como tal concepção tenha sido a única tentativa um pouco séria de "nacionalizar" as massas populares, ou seja, de criar um movimento democrático com raízes e exigências italianas (é estranho que Salvatorelli, referindo-se, em uma nota da *Cultura*, à *Storia d'Europa* de Croce e a *L'Età del Risorgimento* de Omodeo, considere esta última como a expressão de uma orientação democrática, e a história crociana como de orientação mais estritamente liberal-conservadora).

De resto, é possível observar: se não se pode deixar de escrever a história do passado com os interesses e pelos interesses atuais, a fórmula crítica de que é preciso fazer a história daquilo que concretamente foi o Ressurgimento (se isso não significar um apelo ao respeito e à completude da documentação) não seria insuficiente e limitada demais? Explicar como o Ressurgimento se fez concretamente, quais são as fases do processo histórico necessário que culminaram naquele determinado evento pode ser apenas um novo modo de representar a chamada "objetividade" exterior e mecânica. Trata-se, frequentemente, de uma reivindicação "política" de quem está satisfeito e no processo para o passado vê justamente um processo contra o presente, uma crítica ao presente e um programa para o futuro. O grupo Croce-Omodeo e Cia. está santificando, de forma dissimulada (a dissimulação é especialmente de Omodeo), o período liberal; e o próprio livro de Omodeo, *Momenti di guerra* [Momentos de guerra], tem esse significado: mostrar como o período giolittiano, tão "difamado", incubava em seu interior um "insuperável" tesouro de idealismo e de heroísmo.

De resto, essas discussões, sendo de metodologia puramente empírica, são inconclusivas. E se escrever história significa fazer história do presente, é um grande livro de história aquele que, no presente, ajuda as forças em desenvolvimento a se tornarem mais conscientes de si mesmas e, portanto, mais concretamente ativas e eficazes.

O maior defeito de todas essas interpretações ideológicas do Ressurgimento italiano consiste em terem sido meramente ideológicas, ou seja, no fato de que não se dedicavam a suscitar forças políticas efetivas. Obras de literatos, de diletantes, construções acrobáticas de homens que queriam ostentar talento, quando não inteligência, ou voltadas a pequenas corjas de intelectuais sem futuro, ou escritas para justificar forças reacionárias de tocaia, emprestando-lhes intenções que não tinham e objetivos imaginários, e, portanto, pequenos serviços de lacaios intelectuais (o tipo mais acabado desses lacaios é Mario Missiroli) e de mercenários da ciência.

Essas interpretações ideológicas da formação nacional e estatal italiana também devem ser estudadas por outro ponto de vista: sua sucessão "acrítica", por impulsos individuais de pessoas mais ou menos "geniais", é um documento do primitivismo dos partidos políticos, do empirismo imediato de toda ação construtiva (inclusive a do Estado), da ausência na vida italiana de qualquer movimento "vertebrado" que tenha em si possibilidades de desenvolvimento permanente e contínuo. A falta de perspectiva histórica nos programas de partido, perspectiva construída "cientificamente", ou seja, com seriedade escrupulosa, para fundamentar em todo o passado os objetivos a serem alcançados no futuro e a serem propostos ao povo como uma necessidade com a qual colaborar de modo consciente, permitiu justamente o florescimento de muitos romances ideológicos que, na realidade, são a premissa (o manifesto) de movimentos políticos tidos abstratamente como necessários, mas que, para suscitá-los, não se faz, de resto, nada de prático. Esse é um modo de proceder muito útil para facilitar as "operações" daquelas que são frequentemente chamadas de "forças ocultas" ou "irresponsáveis", que têm como porta-vozes os "jornais independentes": essas forças, de vez em quando, têm necessidade de criar movimentos geradores de opinião pública, a serem mantidos vivos até que se atinjam determinados objetivos, para depois serem deixados esmorecer e morrer. Essas manifestações são como "exércitos mercenários", verdadeiros exércitos de mercenários ideológicos prontos para servir aos grupos plutocráticos ou de outra natureza, muitas vezes fingindo lutar justamente contra a plutocracia etc. Um organizador típico de tais "exércitos" foi Pippo Naldi*, também

---

* Filippo Naldi (1886-1972) foi o antecessor de Mario Missiroli na direção do jornal *Il Resto del Carlino*, de Bolonha. Pippo Naldi é um caso exemplar dos "mercenários ideológicos". Ele foi, junto com Benito Mussolini, um dos fundadores e o organizador da estrutura do jornal *Il Popolo d'Italia*, jornal cuja criação resultará na expulsão de Mussolini do *Partito Socialista Italiano*. O jornal foi criado para polemizar com o jornal *Avanti!* e atacar as posições antibelicistas dos socialistas, sendo posteriormente um importante veículo de comunicação do *Partito Nazionale Fascista* (Partido Nacional Fascista). Naldi também foi sócio de Filippo Filippelli na criação de outro jornal pró-fascista, o *Corriere italiano*, e no planejamento do assassinato de Giacomo Matteotti. (N. E.)

ele um discípulo de Oriani e orientador de Mario Missiroli*
e de suas improvisações jornalísticas.

Seria útil compilar uma bibliografia completa de Mario Missiroli. Alguns de seus livros: *La Monarchia socialista* [A monarquia socialista] (de 1913), *Polemica liberal* [Polêmica liberal], *Opinioni* [Opinião], *Il colpo di Stato* [O golpe de Estado] (de 1925), *Una battaglia perduta* [Uma batalha perdida], *Italia d'oggi* [Itália de hoje] (de 1932), *La repubblica degli accattoni* [A república dos mendigos] (sobre Molinella), *Amore e Fame* [Amor e Fome], *Date a Cesare...* [Dai a César...] (1929). Um livro sobre o papa, de 1917 etc.

Os principais temas colocados em circulação por Missiroli são: 1) que o Ressurgimento foi uma conquista régia, e não um movimento popular; 2) que o Ressurgimento não resolveu o problema das relações entre Estado e Igreja, motivo que está ligado ao primeiro, uma vez que

> [...] um povo que não havia experimentado a liberdade religiosa não poderia experimentar a liberdade política. O ideal da independência e da liberdade tornou-se patrimônio e programa

---

* Missiroli (1889-1974), apesar de uma tendência mais liberal e polemista, tendo inclusive acusado Mussolini publicamente em artigos do jornal *Stampa* quando do desaparecimento de Matteotti, ao ser proibido de trabalhar pelo regime fascista tenta, então, reconciliar-se para voltar a exercer seu ofício, ainda que só pudesse assinar artigos com pseudônimo. (N. E.)

de uma minoria heroica, que concebeu a unidade contra a condescendência das multidões populares.

A ausência da Reforma protestante na Itália explicaria, em última análise, todo o Ressurgimento e a história moderna nacional. Missiroli aplica à Itália o critério hermenêutico aplicado por Masaryk à história russa (ainda que Missiroli tenha dito aceitar a crítica de Antonio Labriola contra o Masaryk historiador). Como Masaryk, Missiroli (apesar das suas relações com G. Sorel*) não compreende que a "reforma" intelectual e moral (ou seja, religiosa) de alcance popular no mundo moderno ocorreu em dois tempos: no primeiro tempo, com a difusão dos princípios da Revolução Francesa; no segundo tempo, com a difusão de uma série de conceitos extraídos da filosofia da práxis e frequentemente contaminados pela filosofia do Iluminismo e, depois, pelo evolucionismo cientificista. Que tal "reforma" tenha sido difundida de modo grosseiro e sob a

---

* Georges Sorel (1847-1922), filósofo social francês, foi um marxista heterodoxo com influências proudhoneanas. Apesar de defensor da teoria marxista e apoiador da Revolução Russa, era crítico do partido como vanguarda proletária, defendendo a auto-organização dos trabalhadores (no seu caso, em sindicatos). É um dos pensadores do sindicalismo revolucionário, que, apesar do nome e das influências citadas, não deve ser confundido com bakuninismo, anarcossindicalismo ou anarcocomunismo. (N. E.)

forma de pequenos opúsculos não é instância válida contra o seu significado histórico: não se pode acreditar que as massas populares influenciadas pelo calvinismo absorvessem conceitos relativamente mais elaborados e refinados do que aqueles oferecidos por essa literatura de opúsculos. Apresenta-se, em vez disso, a questão dos dirigentes de tal reforma, de sua inconsistência e da falta de um caráter forte e energético.

Missiroli não procura analisar o motivo pelo qual a minoria que conduziu o movimento do Ressurgimento não tenha "ido ao povo" nem "ideologicamente", assumindo por conta própria o programa democrático que, contudo, chegava ao povo pelas traduções do francês, nem "economicamente", com a reforma agrária. Isso "poderia" acontecer, uma vez que o campesinato era quase a totalidade do povo da época, e a reforma agrária era uma exigência fortemente sentida, enquanto a Reforma protestante coincidiu justamente com uma guerra de camponeses na Alemanha e com conflitos entre nobres e burgueses na França etc. (não se deve esquecer, todavia, que a Áustria especulou com a reforma agrária para incitar os camponeses contra os patriotas latifundiários e que os liberais-conservadores, com as escolas de ensino mútuo e com instituições de socorro mútuo e de pequeno crédito por meio de penhores populares, procuraram apenas granjear a simpatia dos artesãos e dos raros núcleos operários da cidade: a Associação Geral dos Operários de Turim teve Cavour entre seus fundadores).

> A unidade não se pôde realizar com o papado, por conta de sua natureza universal e organicamente hostil a todas as liberdades modernas; mas também não tinha conseguido triunfar sobre o papado, contrapondo à ideia católica uma ideia igualmente universal que correspondesse da mesma forma à consciência individual e à consciência do mundo renovado pela Reforma e pela Revolução.

Afirmações abstratas e, em grande parte, sem sentido. Qual foi a ideia universal que a Revolução Francesa opôs ao catolicismo? Por que então na França o movimento foi popular, e na Itália não? A famosa minoria italiana, "heroica" por definição (nesses escritores, a expressão "heroico" tem um significado puramente "estético", ou retórico, e se aplica tanto a *don* Tazzoli* quanto aos nobres milaneses que

---

* Enrico Tazzoli (1812-1852), professor de filosofia no seminário episcopal de Mântua. É o nome mais famoso entre os que seriam chamados de Mártires de Belfiore, uma malfadada conjuração que conspirava contra o domínio austríaco do então Reino Lombardo-Vêneto, que compreendia a maior parte da atual região da Lombardia e as atuais regiões italianas do Vêneto e do Friul-Veneza Júlia. (N. E.)

rastejaram diante do imperador da Áustria, tanto que também foi escrito um livro sobre o Ressurgimento como uma revolução "sem heróis", com sentido igualmente literário e só no papel), que comandou o movimento de unificação, na verdade se interessava mais por proveitos econômicos do que por fórmulas ideais e lutou mais para impedir que o povo interviesse na luta e a transformasse em luta social (no sentido de uma reforma agrária) do que contra os inimigos da unidade. Missiroli escreve que o novo fator surgido na história italiana depois da unificação, o socialismo, foi a forma mais poderosa assumida pela reação antiunitária e antiliberal (o que é uma asneira e não coincide com outros juízos do próprio Missiroli, segundo os quais o socialismo teria introduzido no Estado as forças populares antes ausentes e indiferentes). Como o próprio Missiroli escreve:

> O socialismo não apenas não revigorou a paixão política (!?), mas ajudou intensamente a extingui-la; foi o partido dos pobres e da plebe esfomeada; as questões econômicas deviam rapidamente tomar a dianteira, os princípios políticos deviam dar lugar (!?) aos interesses materiais

estava criado um "obstáculo, lançando as massas às conquistas econômicas e evitando todas as questões institucionais".

Ou seja, o socialismo cometeu o erro (às avessas) da famosa minoria: esta falava apenas de ideias abstratas e de instituições políticas, aquele negligenciou a política a favor da mera economia. É verdade que, justamente por isso, Missiroli elogia, em outros pontos, os chefes reformistas etc.; esses motivos são de origem orianesca e republicana, assumidos superficialmente e sem senso de responsabilidade.

Na realidade, Missiroli é simplesmente aquilo que se chama de um escritor brilhante; tem-se a impressão, fundamentada, de que ele não se importa com suas ideias, com a Itália e com tudo: está interessado apenas no jogo momentâneo de alguns conceitos abstratos e em cair sempre de pé com uma nova insígnia no peito (Missiroli, o joão-bobo*).

O movimento político que conduziu à unificação nacional e à formação do Estado italiano deveria necessariamente desembocar no nacionalismo e no imperialismo militarista? Pode-se afirmar que esse desenlace é anacrônico e anti-histórico (ou seja, artificioso e de curta duração); ele é realmente contra todas as tradições italianas, primeiramente romanas, depois católicas. As tradições são cosmopolitas. Que o movimento político devesse reagir contra as tradições e dar lugar a um nacionalismo de intelectuais pode ser explicado, mas não

---

* No original, "Missiroli il misirizzi". (N. T.)

se trata de uma reação orgânico-popular. Por outro lado, também no Ressurgimento, Mazzini-Gioberti tentam enxertar o movimento nacional na tradição cosmopolita, criar o mito de uma missão da Itália renascida em uma nova Cosmópole europeia e mundial, mas se trata de um mito verbal e retórico, baseado no passado, e não nas condições do presente, já formadas ou em processo de desenvolvimento (tais mitos sempre foram um fermento de toda a história italiana, até da mais recente, de Q. Sella a Enrico Corradini e D'Annunzio). Uma vez que um acontecimento tenha sido produzido no passado, isso não significa que ele se deva reproduzir no presente e no futuro; as condições para uma expansão militar no presente e no futuro não existem e não parecem estar em processo de formação. A expansão moderna é de ordem financeiro-capitalista. No presente italiano, o elemento "homem" ou é o "homem-capital" ou é o "homem-trabalho". A expansão italiana só pode ser a do homem-trabalho, e o intelectual que representa o homem-trabalho não é aquele tradicional, inflado de retórica e de recordações literárias do passado. O cosmopolitismo tradicional italiano deveria tornar-se um cosmopolitismo do tipo moderno, ou seja, de modo a assegurar ao homem-trabalho italiano as melhores condições de desenvolvimento, encontre-se ele em qualquer parte do mundo. Não o cidadão do mundo enquanto *civis romanus*, ou enquanto católico, mas enquanto produtor de civilização. Por isso, pode-se afirmar que a tradição italiana continua dialeticamente no povo trabalhador e em seus intelectuais, não no cidadão tradicional e no intelectual tradicional. O povo italiano é aquele que "nacionalmente" está mais interessado em uma forma moderna de cosmopolitismo. Não apenas o operário, mas o camponês, especialmente, o camponês do sul. Colaborar para reconstruir o mundo economicamente e de modo unitário está na tradição do povo italiano e da história italiana, não para dominá-lo hegemonicamente e apropriar-se do fruto do trabalho alheio, mas para existir e se desenvolver justamente como povo italiano: pode-se demonstrar que César está na origem dessa tradição. O nacionalismo de marca francesa é uma excrescência anacrônica na história italiana, própria de gente que tem a cabeça virada para trás, como os condenados dantescos. A "missão" do povo italiano está na retomada do cosmopolitismo romano e medieval, mas em sua forma mais moderna e avançada. Nem que seja nação proletária, como queria Pascoli; proletária como nação porque foi o exército de reserva dos capitalismos estrangeiros, porque forneceu mão de obra operária para o mundo inteiro, juntamente com os povos eslavos. Justamente por isso se deve inserir na moderna linha de frente para reorganizar também o mundo não italiano, que contribuiu para criar com seu trabalho etc.

(Caderno 19, § 5)

5. A história como "biografia nacional"

Esse modo de escrever a história começa com o nascimento do sentimento nacional e é um instrumento político para coordenar e fortalecer nas grandes massas os elementos que justamente constituem o sentimento nacional. 1) Pressupõe-se que o que se deseja tenha sempre existido e não se possa afirmar e manifestar abertamente por causa da intervenção de forças externas ou porque as virtudes íntimas estavam "adormecidas"; 2) isso deu lugar à história popular oleográfica: a Itália é verdadeiramente pensada como algo abstrato e concreto (concreto demais) ao mesmo tempo, como a bela matrona das oleografias populares, que influem mais do que se pode crer na psicologia de algumas camadas do povo, positiva e negativamente (mas sempre de modo irracional), como a mãe de quem os italianos são os "filhos". Com uma passagem que parece brusca e irracional, mas certamente é eficaz, a biografia da "mãe" se transforma na biografia coletiva dos "bons filhos", contrapostos aos filhos degenerados, desvirtuados etc. Entende-se que tal modo de escrever e de recitar a história nasceu por razões práticas, de propaganda: mas por que ainda se continua nessa tradição? Hoje essa apresentação da história da Itália é duplamente anti-histórica: 1) porque está em contradição com a realidade; 2) porque impede de avaliar adequadamente o esforço realizado pelos homens do Ressurgimento, diminuindo-lhes a figura e a originalidade, esforço não apenas contra os inimigos externos, mas especialmente contra as forças internas conservadoras que se opunham à unificação.

Para compreender as razões "pedagógicas" dessa forma de história, pode servir, também nesse caso, a comparação com a situação francesa na mesma época em que o Ressurgimento se colocava em ação. Napoleão se autodenominou imperador dos franceses, e não da França, e Luiz Felipe, da mesma forma, rei dos franceses. Essa denominação tem um caráter nacional-popular profundo e significa um corte claro em relação à época do Estado patrimonial, uma maior importância dada aos homens, em vez de ao território. Por isso, "Marianne"* pode ser escarnecida até pelos mais inflamados patriotas, enquanto para os italianos fazer a caricatura da figura estilizada da Itália significaria, sem dúvida, antipatriotismo, demonstrado pelos sanfeditas e jesuítas antes e depois de 1870.

(Caderno 19, § 50)

---

* Representação alegórica da República Francesa, por exemplo, a personificação dos ideais da república em forma feminina, como a mulher que carrega a bandeira no quadro *A Liberdade guiando o povo*, de Delacroix. (N. E.)

6. Momentos de vida intensamente coletiva e unitária no desenvolvimento nacional do povo italiano

Examinar, no desenvolvimento da vida nacional a partir de 1800, todos os momentos nos quais se colocou ao povo italiano a resolução de uma tarefa pelo menos potencialmente comum, em que se poderia ter verificado, por isso, uma ação ou um movimento de caráter coletivo (em profundidade e extensão) e unitário. Esses momentos, nas diversas fases históricas, podem ter sido de natureza e de importância nacional-popular diversas. O que importa na busca é o caráter potencial (e, portanto, a medida na qual a potencialidade se traduziu em ação) de coletividade e de unidade, ou seja, a difusão territorial (a região responde a essa exigência, quando não até mesmo a província) e a intensidade de massa (ou seja, a maior ou menor repercussão positiva e também ativamente negativa que o movimento teve nos diversos extratos da população).

Esses momentos podem ter tido caráter e natureza diversos: guerras, revoluções, plebiscitos, eleições gerais de significado especial. Guerras: 1848-1849, 1859, 1860, 1866, 1870, guerras da África (Eritreia e Líbia), guerra mundial. Revoluções: 1820-1821, 1831, 1848-1849, 1860, *fasci* sicilianos*,

---

*   Movimentos populares, proletários e campesinos, que ocorreram na Sicília entre 1891 e 1894, de inspiração socialista, e que, portanto, não devem ser confundidos com o fascismo que surgirá duas décadas depois no norte da Itália. (N. E.)

1898, 1904, 1914, 1919-1920, 1924-1925. Plebiscitos para a formação do Reino: 1859-1860, 1866, 1870. Eleições gerais com diversa extensão de sufrágio. Eleições típicas: a que leva a esquerda ao poder em 1876, aquela após 1898. A eleição de 1913 é a primeira com características populares acentuadas, por causa da participação muito ampla dos camponeses; a de 1919 é a mais importante de todas pelo caráter proporcional e provincial do voto, que obriga os partidos a se reagrupar e porque, em todo o território, pela primeira vez, apresentam-se os mesmos partidos com os mesmos (aproximadamente) programas. Em medida muito maior do que em 1913 (quando o colégio uninominal restringia as possibilidades e falsificava as posições políticas das massas por meio da artificiosa delimitação dos colégios), em 1919, em todo o território e num mesmo dia, toda a parte mais ativa do povo italiano se coloca as mesmas questões e procura resolvê-las em sua consciência histórico-política. O significado das eleições de 1919 é dado pelo complexo de elementos "unificadores", positivos e negativos, que ali confluem: a guerra havia sido um elemento unificador de primeira ordem, uma vez que tinha dado às grandes massas a consciência da importância que tem também para o destino de cada indivíduo a construção do aparato governamental, além de ter colocado uma série de problemas concretos, gerais e particulares, que refletiam uma unidade popular-nacional. Pode-se afirmar que as eleições de 1919 tiveram para o povo um caráter de Constituinte (as eleições de 1913 também tiveram esse caráter, como pode-se lembrar qualquer um que tenha assistido às eleições nos centros regionais, onde tinha sido maior a transformação do corpo eleitoral, e como foi demonstrado pelo alto percentual de participação na votação: tinha-se espalhado a convicção mística de que tudo seria mudado depois da votação, a convicção de um verdadeiro renascimento social: assim foi pelo menos na Sardenha), ainda que não o tenha tido para "nenhum" partido da época: nessa contradição e distanciamento entre o povo e os partidos consistiu o drama histórico de 1919, que foi compreendido imediatamente apenas por alguns grupos dirigentes mais perspicazes e inteligentes (e que tinham mais a temer pelo seu futuro). Deve-se observar que justamente o partido tradicional da constituinte na Itália, o republicano, demonstrou o mínimo de sensibilidade histórica e de capacidade política e se deixou impor o programa e a orientação (ou seja, uma defesa abstrata e retrospectiva da intervenção na guerra) pelos grupos dirigentes de direita. O povo, a seu modo, olhava para o futuro (também nessa questão da intervenção na guerra), e nisso está o caráter implícito de constituinte que o povo deu às eleições de 1919; os partidos olhavam para o passado (apenas para o passado) concretamente, e para o futuro, "abstratamente", "genericamente", como "confiem no seu partido", e não como concepção histórico-política construtiva. Entre outras diferenças entre 1913 e 1919, é preciso lembrar a participação ativa dos católicos, com homens próprios, com um partido próprio, com um programa próprio. Também em 1913 os católicos tinham participado das eleições, mas por meio do Pacto Gentiloni, de um modo dissimulado e que falseava o significado do alinhamento e do influxo das forças políticas tradicionais. Para 1919 é preciso lembrar o discurso feito por Giolitti, de entonação constituinte (retrospectiva), e a atitude dos giolittianos em relação aos católicos, da forma como se deduz dos artigos de Luigi Ambrosini na *Stampa*. Na realidade, os giolittianos foram os vencedores das eleições, no sentido de que imprimiram o caráter de constituinte sem constituinte às próprias eleições e conseguiram atrair a atenção do futuro para o passado.

(Caderno 19, § 19)

7. Características italianas: o "individualismo"

Alguns observam com satisfação, outros, com desconfiança e pessimismo, que o povo italiano é "individualista": alguns dizem "nocivamente", outros "felizmente" etc. Esse "individualismo", para ser avaliado exatamente, deveria ser analisado, uma vez que existem diversas formas de "individualismo", mais progressivas, menos progressivas, correspondentes a diversos tipos de civilizações e de vida cultural. Individualismo atrasado, correspondente a uma forma de "apolitismo" que corresponde hoje ao antigo "não nacionalismo": dizia-se uma época: "Que venha a França, que venha a Espanha, contanto que se tenha o que comer", assim como hoje se é indiferente à vida do Estado, à vida política dos partidos etc.

Mas esse "individualismo" é realmente individualismo? Não participar ativamente da vida coletiva, ou seja, da vida estatal (e isso significa apenas não participar dessa vida por meio da adesão aos partidos políticos "regulares") significa por acaso não ser "partidário", não pertencer a nenhum grupo constituído? Significa o "esplêndido isolamento" do indivíduo, que conta apenas consigo mesmo para criar a vida econômica e moral? De jeito nenhum. Significa que, em vez do partido político e do sindicato econômico "modernos", isto é, da forma como foram elaborados pelo desenvolvimento das forças produtivas e mais progressivas, "preferem-se" formas organizativas de outro tipo, precisamente do tipo "crime organizado", por isso os conciliábulos, as camorras, as máfias, sejam populares ou ligadas às altas classes. Todo nível ou tipo de civilização tem um "individualismo" próprio, ou seja, uma posição peculiar e atividades do indivíduo em seus quadros gerais. Esse "individualismo" italiano (que, ademais, é mais ou menos acentuado e dominante de acordo com os setores econômico-sociais do território) é justamente de uma fase em que as necessidades econômicas mais imediatas não podem encontrar satisfação regular permanentemente (desemprego endêmico entre os trabalhadores rurais e entre as camadas intelectuais pequenas e médias). A razão para esse estado de coisas tem origens históricas distantes, e pela manutenção de tal situação é responsável o grupo dirigente nacional.

Coloca-se o problema histórico-político: tal situação pode ser superada com os métodos de centralização estatal (escola, legislação, tribunais, polícia) que tendem a nivelar a vida de acordo com um tipo nacional? Ou seja, por uma ação que desça do alto e seja decidida e enérgica? Entretanto, coloca-se a questão de como formar o grupo dirigente que explique tal ação: por meio da concorrência dos partidos e de seus programas econômicos e políticos? Por meio da ação de um grupo que exerça o poder de forma monopolizadora? Tanto em um caso como no outro é difícil superar o próprio ambiente, que se refletirá no pessoal dos partidos ou na burocracia a serviço do grupo monopolizador, uma vez que, se pode-se pensar na seleção segundo um tipo de poucos dirigentes, é impossível uma tal seleção "preventiva" das grandes massas de indivíduos que constituem todo o aparato organizativo (estatal e hegemônico) de um grande país.

Método da liberdade, mas não entendido em sentido "liberal": a nova construção só poderá surgir de baixo, uma vez que todo um estrato nacional, o mais baixo econômica e culturalmente, participe de um fato histórico radical que revista toda a vida do povo e coloque cada um, brutalmente, diante das próprias responsabilidades inderrogáveis.

O erro histórico da classe dirigente foi ter impedido sistematicamente que tal fenômeno acontecesse no período do Ressurgimento e ter feito da manutenção dessa situação cristalizada a razão de ser da sua continuidade histórica, do Ressurgimento em diante.

(Caderno 6, § 162)

II. Antes e depois da Unidade: o problema da direção política

1. O problema da direção política na formação e no desenvolvimento da nação

Todo o problema da conexão entre as várias correntes políticas do Ressurgimento, ou seja, de suas relações com os grupos sociais homogêneos ou subordinados existentes nas várias seções (ou setores) históricas do território nacional, reduz-se a este dado de fato fundamental: os moderados representavam um grupo social relativamente homogêneo, fato pelo qual sua direção sofreu oscilações relativamente limitadas (e, de toda forma, de acordo com uma linha de desenvolvimento organicamente progressivo), enquanto o chamado *Partito d'Azione* não se apoiava especificamente em nenhuma classe histórica, e as oscilações sofridas pelos seus órgãos dirigentes, em última análise, compunham-se de acordo com os interesses dos moderados; ou seja, historicamente o *Partito d'Azione* foi guiado pelos moderados: a afirmação atribuída a Vítor Emanuel II de "ter no bolso" o *Partito d'Azione*, ou algo parecido, é praticamente correta, e não apenas pelos contatos pessoais do rei com Garibaldi, mas porque, de fato, o *Partito d'Azione* foi dirigido "indiretamente" por Cavour e pelo rei. O critério metodológico sobre o qual é preciso fundamentar o próprio exame é este: que a supremacia de um grupo social se manifesta de dois modos, como "domínio" e como "direção intelectual e moral". Um grupo social domina os grupos adversários que tende a "liquidar" ou a subjugar, também com a força armada, e é dirigente dos grupos afins e aliados. Um grupo social pode e, aliás, deve, ser dirigente já antes de conquistar o poder governamental (e essa é uma das condições principais para a própria conquista do poder); depois, quando exerce o poder e ainda se o mantém fortemente em punho, torna-se dominante, mas deve continuar a ser também "dirigente". Os moderados continuaram a dirigir o *Partito d'Azione* mesmo depois de 1870 e 1876, e o chamado "transformismo" não foi senão a expressão parlamentar dessa ação hegemônica intelectual, moral e política. Aliás, pode-se dizer que toda a vida estatal italiana a partir de 1848 é caracterizada pelo transformismo, ou seja, pela elaboração de uma classe dirigente cada vez mais ampla nos quadros fixados pelos moderados após 1848 e a queda das utopias neoguelfas e federalistas, com a absorção gradual, mas contínua, e obtida com métodos diversos em sua eficácia, dos elementos ativos saídos dos grupos aliados, e até dos adversários, e que pareciam irreconciliavelmente inimigos. Nesse sentido, a direção política tornou-se um aspecto da função de domínio, uma vez que a absorção das elites dos grupos inimigos leva à decapitação destes e ao seu aniquilamento por um período frequentemente muito longo. Por meio da política dos moderados parece claro que pode e deve haver uma atividade hegemônica antes mesmo da subida ao poder e que não é preciso contar apenas com a força material que o poder dá para exercer uma direção eficaz: foi justamente a brilhante solução desses problemas que tornou possível o Ressurgimento nas formas e nos limites nos quais ele se efetuou, sem "Terror", como "revolução sem revolução", ou seja, como "revolução passiva" para empregar uma expressão de Cuoco em um sentido um pouco diferente do dele.

De quais formas e com quais meios os moderados conseguiram estabelecer o aparato (o mecanismo) da sua hegemonia intelectual, moral e política? De formas e com meios que se possam chamar "liberais", ou seja, pela iniciativa individual, "molecular", "privada" (isto é, não por um programa partidário elaborado e constituído de acordo com um plano anterior à ação prática e organizativa). De resto, isso era "normal", dadas a estrutura e a função dos grupos sociais representados pelos moderados, dos quais os moderados eram a camada dirigente, os intelectuais em sentido orgânico. Para o *Partito d'Azione*, o problema se punha de modo diverso, e diversos sistemas organizativos deveriam ter sido empregados. Os moderados eram intelectuais "condensados" já naturalmente pela organicidade de suas relações com os grupos sociais dos quais eram a expressão (para toda uma série deles se realizava a identidade de representado e representante, ou seja, os moderados eram a vanguarda real, orgânica, das classes altas, porque elas próprias pertenciam economicamente às classes altas: eram intelectuais e organizadores políticos e ao mesmo tempo dirigentes de empresas, grandes agricultores ou administradores de propriedades rurais, empresários comerciais e industriais etc.). Dada essa condensação ou concentração orgânica, os moderados exerciam uma poderosa atração, de modo "espontâneo", sobre toda a massa de intelectuais de todos os níveis existentes na península em estado "difuso", "molecular", pelas necessidades, ainda que satisfeitas de modo elementar, da instrução e da administração. Ressalta-se aqui a consistência metodológica de um critério de pesquisa histórico-política: não existe uma classe independente de intelectuais, mas cada grupo social tem uma camada de intelectuais ou tende a formar a sua: porém, os intelectuais da classe historicamente (e realisticamente) progressista, nas condições dadas, exercem tal poder de atração que acabam, em última análise, por subjugar os intelectuais dos outros grupos sociais e, portanto, por criar um sistema de solidariedade entre todos os intelectuais com vínculos de ordem psicológica (vaidade etc.) e frequentemente de casta (técnico-jurídicos, corporativos etc.).

Esse fato se verifica "espontaneamente" nos períodos históricos nos quais o grupo social dado é realmente progressista, ou seja, faz avançar toda a sociedade, satisfazendo não apenas às suas exigências existenciais, mas ampliando continuamente os próprios quadros para a contínua conquista de novas esferas de atividade econômico-produtiva. Assim que o grupo social dominante exaure sua função, o bloco ideológico tende a se fragmentar, e então a "espontaneidade" pode ser substituída pela "coerção" em formas cada vez menos dissimuladas e indiretas, até chegar a verdadeiras medidas de polícia e aos golpes de Estado.

Dada a sua natureza, o *Partito d'Azione* não apenas não podia ter tal poder de atração, mas era ele próprio atraído e influenciado, seja por causa da atmosfera de intimidação (pânico de um 1893* terrorista reforçado desde acontecimentos

---

* Foi o ano dos momentos mais importantes dos *fasci* sicilianos, quando se organizaram greves por toda a ilha da Sicília, assim como levantes populares. Foi também o ano de maior repressão pelo Estado, com o emprego de forças policiais e militares. (N. E.)

franceses de 1848-1849*) que o tornava hesitante em acolher em seu programa determinadas reivindicações populares (a reforma agrária, por exemplo), seja porque algumas de suas maiores personalidades (Garibaldi) estavam, ainda que salutarmente, em relação pessoal de subordinação aos dirigentes dos moderados. Para que o *Partito d'Azione* se tornasse uma força autônoma e, em última análise, conseguisse pelo menos imprimir ao movimento do Ressurgimento um caráter mais marcadamente popular e democrático (talvez não pudesse ir mais além, dadas as premissas fundamentais do próprio movimento), deveria ter contraposto à atividade "empírica" dos moderados (que era empírica apenas por modo de dizer, uma vez que correspondia perfeitamente ao objetivo) um programa orgânico de governo que refletisse as reivindicações essenciais das massas populares, em primeiro lugar dos cidadãos: à "atração espontânea" exercida pelos moderados deveria ter contraposto uma resistência e uma contraofensiva "organizada" de acordo com um plano.

Como exemplo típico de atração espontânea dos moderados é preciso recordar a formação e o desenvolvimento do movimento "católico-liberal", que tanto impressionou o papado e conseguiu, em parte, paralisar suas ações,

---

* Período de diversas revoltas influenciadas pela revolução que resultou na deposição de Luís Felipe de Orléans e na Segunda República Francesa. (N. E.)

desmoralizando-o, impelindo-o muito à esquerda num primeiro tempo – com as manifestações liberalizantes de Pio IX – e, num segundo tempo, expulsando-o para uma posição mais à direita do que aquela que poderia ter ocupado e, definitivamente, determinando o seu isolamento na península e na Europa. O papado a seguir demonstrou ter aprendido a lição e soube, nos tempos mais recentes, manobrar brilhantemente: o modernismo primeiro e o popularismo depois são movimentos semelhantes àquele católico-liberal do Ressurgimento, devidos em grande parte ao poder de atração espontânea exercida pelo historicismo moderno dos intelectuais laicos das classes altas, por um lado, e, por outro, pelo movimento prático da filosofia da práxis. O papado abalou o modernismo como tendência reformadora da Igreja e da religião católica, mas desenvolveu o popularismo, ou seja, a base econômico-social do modernismo, e hoje, com Pio XI, faz dele o fulcro da sua política mundial.

Em vez disso, faltou ao *Partito d'Azione* até mesmo um programa concreto de governo. Substancialmente, e mais que tudo, ele sempre foi um organismo de agitação e de propaganda a serviço dos moderados. Os dissensos e os conflitos internos do *Partito d'Azione*, o tremendo ódio que Mazzini despertou contra a sua pessoa e a sua atividade por parte dos mais valorosos homens de ação (Garibaldi, Felice Orsini etc.) foram determinados pela falta de uma direção política firme. As polêmicas internas foram em grande parte tão abstratas quanto a pregação de Mazzini, mas delas se podem extrair indicações históricas úteis (valem para todos os escritos de Pisacane, que, por outro lado, cometeu erros políticos e militares irreparáveis, como a oposição à ditadura militar de Garibaldi na República Romana). O *Partito d'Azione* estava embebido da tradição retórica da literatura italiana: confundia a unidade cultural existente na península – limitada, porém, a um extrato muito rarefeito da população e corrompida pelo cosmopolitismo vaticano – com a unidade política e territorial das grandes massas populares que eram estranhas àquela tradição cultural e não se importavam com ela, supondo-se que conhecessem sua própria existência. Pode-se fazer uma comparação entre os jacobinos e o *Partito d'Azione*. Os jacobinos lutaram bravamente para assegurar um vínculo entre cidade e campo, e nisso saíram vitoriosos. Sua derrota como partido determinado deveu-se ao fato de que a um determinado ponto se chocaram contra as exigências dos operários parisienses, mas, na realidade, eles continuaram de outra forma com Napoleão, e hoje, muito miseravelmente, com os radicais-socialistas de Herriot e Daladier.

Na literatura política francesa, a necessidade de ligar a cidade (Paris) ao campo sempre havia sido sentida e expressa; basta recordar a coleção de romances de Eugène Sue, muitíssimo difundidos também na Itália (Fogazzaro, em seu *Piccolo mondo antico* [Pequeno mundo antigo], mostra como Franco Maironi recebeu clandestinamente da Suíça os fascículos dos *Misteri del popolo* [Mistérios do povo], que foram queimados pelo carrasco em algumas cidades europeias; por exemplo, em Viena) e que insistem com uma constância particular na necessidade de se dedicar aos camponeses e de ligá-los a Paris; e Sue foi o romancista popular da tradição política jacobina e um "incunábulo" de Herriot e Daladier sob muitos pontos de vista (lenda napoleônica, anticlericalismo e antijesuitismo, reformismo pequeno-burguês, teorias penitenciárias etc.). É verdade que o *Partito d'Azione* sempre foi implicitamente antifrancês por causa da ideologia mazziniana (cf. *Critica*, ano 1929, p. 233 e ss., ensaio de Omodeo sobre o "Primato francese e iniziativa italiana" [Primado francês e iniciativa italiana]), mas tinha na história da península a tradição à qual se referir e se juntar. A história das Comunas é rica de experiências a propósito: a burguesia nascente procura nos camponeses seus aliados contra o Império e contra o feudalismo local (é verdade que a questão se complicou por causa da luta entre burgueses e nobres pela mão de obra barata: os burgueses têm necessidade de mão de obra abundante, e ela só pode ser dada pelas massas rurais, mas os nobres querem os camponeses ligados ao solo: fuga de camponeses para a cidade, onde os nobres não podem capturá-los. De qualquer forma, mesmo em situação diversa, aparece, no desenvolvimento da civilização comunal, a função da cidade como elemento diretivo, da cidade que aprofunda os conflitos internos no campo e serve-se deles como instrumento político-militar para abater o feudalismo). Mas o mais clássico mestre da arte política para os grupos italianos, Maquiavel, também tinha colocado o problema, mas naturalmente nos termos e com as preocupações de seu tempo; nos escritos político-militares de Maquiavel é muito bem vista a necessidade de subordinar organicamente as massas populares às camadas dirigentes para criar uma milícia nacional capaz de eliminar os exércitos mercenários.

A essa corrente de Maquiavel talvez deva ser ligado Carlo Pisacane, para o qual o problema de satisfazer as reivindicações populares (depois de tê-las suscitado com a propaganda) é visto predominantemente do ponto de vista militar. A propósito de Pisacane, é preciso analisar algumas antinomias de sua concepção: Pisacane, nobre napolitano, tinha conseguido dominar uma série de conceitos político--militares colocados em circulação pelas experiências bélicas da Revolução Francesa e de Napoleão, enxertadas em Nápoles sob os reinados de José Bonaparte e de Joaquim Murat, mas especialmente pela experiência viva dos oficiais napolitanos que haviam lutado com Napoleão (na comemoração de Cadorna feita por Missiroli na *Nuova Antologia* insiste-se na importância que essa experiência e tradição militar napolitana teve, por um Pianell, por exemplo, na reorganização do exército italiano após 1870); Pisacane entendeu que sem uma política democrática não se pode ter exércitos nacionais de alistamento obrigatório, mas são inexplicáveis sua aversão à estratégia de Garibaldi e sua desconfiança em relação a ele; em relação a Garibaldi, ele tem a mesma atitude de desprezo que os Estados Maiores do Antigo Regime tinham em relação a Napoleão.

A personalidade que mais é preciso estudar a propósito desses problemas do Ressurgimento é Giuseppe Ferrari, mas não tanto em suas obras ditas maiores, verdadeiras mixórdias disparatadas e confusas, quanto nos opúsculos convencionais e nas cartas. Ferrari, porém, estava em grande parte fora da realidade concreta italiana: tinha-se afrancesado demais. Com frequência, seus juízos parecem mais perspicazes do que realmente são, porque ele aplicava à Itália esquemas franceses que representavam situações muito mais adiantadas do que as italianas. Pode-se dizer que Ferrari encontrava-se, em relação à Itália, na posição de um "póstero", e que seu raciocínio era, em certo sentido, um "raciocínio em retrospecto". O político, em vez disso, deve ser um realizador efetivo e atual; Ferrari não via que entre a situação italiana e a francesa faltava um elo intermediário e que justamente era preciso unir esse elo para passar ao seguinte. Ferrari não soube "traduzir" o francês para o italiano, e por isso a sua própria "perspicácia" se tornava um elemento de confusão, fazia surgir novas facções e pequenas escolas, mas não repercutia no movimento real.

Ao se aprofundar a questão, parece que, sob muitos aspectos, a diferença entre muitos homens do *Partito d'Azione* e os moderados era mais de "temperamento" do que de caráter organicamente político. O termo "jacobino" acabou por assumir dois significados: um é aquele próprio, historicamente caracterizado, de um determinado partido da Revolução Francesa, que concebia o desenvolvimento da vida francesa de um modo determinado, com um programa determinado, com base em determinadas forças sociais e que exerceu a sua ação de partido e de governo com um determinado método caracterizado por uma extrema energia, decisão e firmeza, dependente da crença fanática na consistência daquele programa e daquele método. Na linguagem política, os dois aspectos do jacobinismo foram cindidos e se chamou "jacobino" o homem político enérgico, resoluto e fanático, porque era fanaticamente convencido das virtudes taumatúrgicas de suas ideias, quaisquer que fossem: nessa definição prevaleceram os elementos destrutivos derivados do ódio contra os adversários e os inimigos, mais que os construtivos, derivados do fato de terem feito suas as reivindicações das massas populares, e o elemento sectário, de conventículo, de pequeno grupo, de individualismo desenfreado, mais do que o elemento político nacional. Assim, quando se lê que Crispi foi um jacobino, é nesse sentido ruim que é preciso interpretar a afirmação. Por seu programa, Crispi foi um moderado puro e simples. Sua "obsessão" jacobina mais nobre foi a unidade político-territorial do país. Esse princípio sempre foi sua bússola de orientação, não apenas no período do Ressurgimento, em sentido estrito, mas também no período seguinte, da sua participação no governo. Homem intensamente passional, ele odeia os moderados como pessoa: vê os moderados como homens que acabaram de chegar, falsos heróis, gente que teria feito as pazes com os velhos regimes se estes se tivessem tornado constitucionais, gente que, como os moderados toscanos, se havia agarrado ao paletó do grão-duque para não deixá-lo fugir; ele confiava pouco numa unidade feita de não unitários. Por isso, liga-se à monarquia, entendendo que esta poderá vir a ser decididamente unitária por razões dinásticas, e abraça o princípio da hegemonia piemontesa com uma energia e com um ardor que nem os próprios políticos piemonteses possuíam. Cavour havia advertido que não se tratasse o Sul com estados de sítio: Crispi, ao contrário, logo estabelece o estado de sítio e as cortes marciais na Sicília para o movimento dos *fasci* e acusa os dirigentes dos *fasci* de conspirar com a Inglaterra a separação da

Sicília (pseudotratado de Bisacquino). Liga-se estritamente aos latifundiários sicilianos, porque era a classe mais unitária, em razão do medo das reivindicações camponesas, ao mesmo tempo que a sua política geral tende a reforçar o industrialismo setentrional com a guerra de tarifas contra a França e com o protecionismo alfandegário: ele não hesita em lançar o Sul e as ilhas em uma crise comercial medonha a fim de fortalecer a indústria que poderia dar ao país uma independência real e ampliar os quadros do grupo social dominante; é a política de fabricar o fabricante. O governo de direita de 1861 a 1876 havia criado apenas e timidamente as condições gerais externas para o desenvolvimento econômico: organização do aparelho governamental, estradas, ferrovias, telégrafos, e havia sanado as finanças sobrecarregadas pelas dívidas das guerras do Ressurgimento. A esquerda havia procurado dar um jeito no ódio despertado no povo pelo fiscalismo unilateral da direita, mas não havia conseguido ser mais do que uma válvula de escape: tinha continuado a política da direita com homens e frases de esquerda. Crispi, em vez disso, impulsionou realmente a nova sociedade italiana, foi o verdadeiro homem da nova burguesia. No entanto, sua figura é caracterizada pela desproporção entre os fatos e as palavras, entre as repressões e o objeto a ser reprimido, entre o instrumento e o golpe desferido; manejava uma colubrina enferrujada como se fosse uma moderna peça de artilharia. Também a política colonial de Crispi é ligada à sua obsessão unitária, e nisso ele soube compreender a inocência política do Sul; o camponês do sul queria a terra, e Crispi, que não queria (mas podia) dar-lhes essa terra na própria Itália e não queria fazer "jacobinismo econômico", apresentou a miragem das terras coloniais a serem exploradas. O imperialismo de Crispi foi passional, oratório, sem qualquer base econômico-financeira. A Europa capitalista, rica em recursos e que havia chegado ao ponto em que a taxa de lucro começava a mostrar tendência à queda, tinha necessidade de ampliar a área de expansão de seus investimentos rentáveis: assim foram criados, após 1890, os grandes impérios coloniais. Mas a Itália, ainda imatura, não só não possuía capital para ser exportado, como tinha de recorrer ao capital externo para as suas próprias e exíguas necessidades. Faltava, portanto, um estímulo real ao imperialismo italiano, que foi substituído pela passionalidade popular dos camponeses cegamente voltados para a propriedade da terra: tratava-se de uma necessidade política interna a ser resolvida, desviando sua solução ao infinito. Por isso, a política de Crispi foi contestada pelos próprios capitalistas (setentrionais), que teriam visto com mais satisfação o emprego na Itália das ingentes somas gastas na África; mas Crispi foi popular no Sul por ter criado o "mito" da terra fácil.

Crispi deixou uma marca profunda em um amplo grupo de intelectuais sicilianos (especialmente nestes, uma vez que influenciou todos os intelectuais italianos, criando as primeiras células de um socialismo nacional que se desenvolveria impetuosamente mais tarde), criou aquele fanatismo unitário que determinou uma permanente atmosfera de desconfiança contra tudo que pudesse ter ares de separatismo. Isso, porém, não evitou (e se compreende) que em 1920 os latifundiários sicilianos se reunissem em Palermo e pronunciassem um verdadeiro ultimato contra o governo "de Roma", ameaçando a separação, assim como não evitou que muitos desses latifundiários tivessem continuado a manter a cidadania espanhola e provocado a intervenção diplomática do governo de Madri (caso do duque de Bivona, em 1919) para a salvaguarda de seus interesses ameaçados pela agitação dos camponeses ex-combatentes. A atitude dos vários grupos sociais do Sul de 1919 a 1926 serve para esclarecer e ressaltar algumas debilidades da orientação obsessivamente unitária de Crispi e para ressaltar algumas correções ali introduzidas por Giolitti (na realidade, poucas, porque Giolitti se manteve essencialmente na esteira de Crispi; Giolitti substituiu o jacobinismo de temperamento de Crispi pela diligência e continuidade burocrática; manteve a "miragem da terra" na política colonial, mas, em geral, sustentou essa política com uma concepção "defensiva" militar e com a premissa de que era preciso criar as condições de liberdade de expansão para o futuro).

O episódio do ultimato dos latifundiários sicilianos em 1920 não é isolado, e seria possível dar uma interpretação diversa dele – devido ao precedente das altas classes lombardas que em algumas ocasiões tinham ameaçado "agir por conta própria", reconstituindo o antigo ducado de Milão (política de chantagem momentânea contra o governo) –, se não se encontrasse uma interpretação autêntica nas campanhas feitas pelo *Mattino* de 1919 até a defenestração dos irmãos Scarfoglio, que seria simplista demais considerar sem fundamento, ou seja, não ligadas de algum modo a correntes de opinião pública e a estados de ânimo que permaneceram subterrâneos, latentes, potenciais para a atmosfera de intimidação criada pelo unitarismo obsessivo. O *Mattino* por duas vezes sustentou essa tese: que o Sul começou a fazer parte do Estado italiano em uma base contratual, o Estatuto albertino*, mas que (implicitamente) continua a conservar uma personalidade real, de fato, e tem o direito de sair do nexo estatal unitário se a base contratual for, de alguma forma, prejudicada, ou seja, se for mudada a constituição de 1848. Essa tese foi desenvolvida em 1919-1920, contra uma

---

* Estatuto promulgado por Carlos Alberto de Savoia, em 1848. Era a constituição do Reino da Sardenha. Seria posteriormente a constituição do Reino da Itália e revogado apenas em 1948, com a promulgação da constituição da República Italiana. (N. E.)

mudança constitucional em um determinado sentido, e foi retomada em 1924-1925 contra uma mudança em outro sentido. É preciso ter presente a importância do *Mattino* no Sul (era, entrementes, o jornal mais difundido); o *Mattino* sempre foi aliado de Crispi, expansionista, dando o tom à ideologia meridional, criada pela fome de terra e pelos sofrimentos da emigração, com tendência a qualquer vaga forma de colonialismo de povoamento. Do *Mattino*, ademais, é preciso recordar: 1º) a violentíssima campanha contra o Norte a propósito da tentativa de desfalque por parte dos industriais têxteis lombardos de alguns cotonifícios meridionais, até o ponto em que se estava para transportar as máquinas para a Lombardia, disfarçadas de ferro-velho, para driblar a legislação sobre as zonas industriais, tentativa frustrada justamente pelo jornal, que chegou até a fazer uma exaltação dos Bourbons e de sua política econômica (o que aconteceu em 1923); 2º) a homenagem "triste" e "nostálgica" a Maria Sofia, feita em 1925, que causou celeuma e escândalo.

É certo que, para avaliar essa atitude do *Mattino*, é preciso levar em conta alguns elementos de controle metódico: o caráter aventureiro e a venalidade dos Scarfoglio (é preciso lembrar que Maria Sofia procurou continuamente intervir na política interna italiana, por espírito de vingança, quando não pela esperança de restaurar o reino de Nápoles, gastando até alguns tostões, como não parece haver dúvida:

na *Unità* de 1914 ou 1915 foi publicado um pequeno artigo contra Errico Malatesta, no qual se afirmava que os acontecimentos de junho de 1914 podiam ter sido patrocinados e subsidiados pelo Estado-Maior austríaco por meio de Zita de Bourbon, dadas as relações de "amizade", ao que parece jamais interrompidas, entre Malatesta e Maria Sofia; na obra *Uomini e cose della vecchia Italia*, B. Croce volta à questão das tais relações a propósito de uma tentativa de favorecer a fuga de um anarquista que havia cometido um atentado, seguida por uma iniciativa diplomática do governo italiano junto ao governo francês para impedir a continuidade dessas atividades de Maria Sofia; é preciso lembrar, ademais, as anedotas sobre Maria Sofia contadas pela senhora B., que, em 1919, visitou a ex-rainha para fazer o seu retrato; enfim, Malatesta nunca respondeu a essas acusações, como era sua obrigação, a não ser que seja verdade que ele as tenha respondido em uma carta a um jornaleco clandestino, impresso na França por P. Schicchi e intitulado *Il Picconiere*, o que é bem incerto), bem como o diletantismo político e ideológico dos Scarfoglio. Mas é preciso insistir no fato de que o *Mattino* era o jornal mais difundido do Sul, e que os Scarfoglio eram jornalistas natos, ou seja, possuíam aquela intuição rápida e "simpática" das correntes passionais populares mais profundas que torna possível a difusão da imprensa sensacionalista.

Outro elemento para avaliar o alcance real da política unitária obsessiva de Crispi é o complexo de sentimentos criados no Norte em relação ao Sul. A "miséria" do Sul era "inexplicável" historicamente pelas massas populares do Norte; elas não entendiam que a unidade não tinha acontecido em uma base de igualdade, mas como hegemonia do Norte sobre o Sul na relação territorial de cidade-campo, ou seja, que o Norte, concretamente, era um "explorador" que se enriquecia à custa do Sul, e que o seu crescimento econômico-industrial estava em relação direta com o empobrecimento da economia e da agricultura meridional. Em vez disso, o cidadão comum da Alta Itália pensava que, se o Sul não progredia depois de ter sido liberado dos impedimentos que o regime bourbônico opunha ao Estado moderno, isso significava que as causas da miséria não eram externas, a serem buscadas nas condições econômico-políticas objetivas, mas internas, inatas na população meridional, ainda mais que se havia enraizado a convicção da grande riqueza natural da terra. Restava apenas uma explicação: a incapacidade orgânica dos homens, sua barbárie, sua inferioridade biológica. Essas opiniões já difundidas (o lazaronismo napolitano era uma lenda de velha data) foram consolidadas e até mesmo teorizadas por sociólogos do positivismo (Niceforo, Sergi, Ferri, Orano etc.), assumindo a força de "verdade científica" numa época de superstição da ciência. Criou-se, assim, uma polêmica Norte-Sul sobre as raças e sobre a superioridade e inferioridade do Norte e do Sul (cf. os livros de N. Colajanni em defesa do Sul sob esse ponto de vista e a coleção da *Rivista popolare*). Entretanto, permaneceu no Norte a crença de que o Sul era uma "bola de chumbo" para a Itália, a convicção de que a civilização industrial moderna da Alta Itália teria feito maiores progressos sem essa "bola de chumbo" etc. No começo do século, tem início uma forte reação do Sul também nesse terreno. No Congresso Sardo de 1911, presidido pelo general Rugiu, calculam-se quantas centenas de milhões teriam sido extorquidos da Sardenha em favor do continente nos primeiros cinquenta anos de Estado unitário. Campanhas de Salvemini, que culminaram na fundação da *Unità*, mas já conduzidas na *Voce* (cf. número único da *Voce* sobre a "Questão meridional", publicado novamente depois como um opúsculo): na Sardenha inicia-se um movimento autonomista, sob a direção de Umberto Cau, que também teve um jornal diário, *Il Paese*. Nesse início de século, concretiza-se ainda um certo "bloco intelectual", "pan-italiano", chefiado por Benedetto Croce e Giustino Fortunato, que procura impor a questão meridional como problema nacional capaz de renovar a vida política e parlamentar. Em toda revista de jovens com tendências liberais democráticas e que, em geral, propõem-se a atualizar e desprovincianizar a vida e a cultura nacional, em todos os campos, na arte, na literatura, na política, aparece não apenas a influência de Croce e de Fortunato, mas sua colaboração; a mesma coisa na *Voce* e na *Unità*, e também na *Patria*, de Bolonha, na *Azione Liberale*, de Milão, no movimento liberal juvenil liderado por Giovanni Borelli etc. A influência desse bloco se impõe ao fixar a linha política do *Corriere della Sera*, de Albertini, e, no pós-guerra, dada a nova situação, aparece na *Stampa* (por meio de Cosmo, Salvatorelli, e também Ambrosini) e no *giolittismo*, com a posse de Croce no último governo Giolitti.

Desse movimento, por certo muito complexo e multilateral, é dada hoje uma interpretação tendenciosa até por G. Prezzolini, que, no entanto, foi uma típica encarnação dele; mas a primeira edição da *Cultura italiana*, do próprio Prezzolini (1923), permanece, especialmente com as suas omissões, como documento autêntico.

O movimento se desenvolve até o limite, que também é o seu ponto de dissolução: esse ponto pode ser identificado no particular posicionamento de P. Gobetti e em suas iniciativas culturais: a polêmica de Giovanni Ansaldo (e de seus colaboradores como "Calcante", ou seja, Francesco Ciccotti) contra Guido Dorso é o documento mais expressivo de tal ponto de chegada e de dissolução, também pela comicidade que afinal fica evidente nas atitudes gladiatórias e de intimidação do unitarismo obsessivo (que, em 1925-1926,

Ansaldo estivesse certo de poder fazer que acreditassem num retorno dos Bourbons a Nápoles pareceria inconcebível sem o conhecimento de todos os antecedentes da questão e dos caminhos subterrâneos através dos quais aconteciam as polêmicas, por meio de subentendidos e como referência enigmática aos não "iniciados": no entanto, é digno de nota que, mesmo em alguns elementos populares, que tinham lido Oriani, existia então o medo de que em Nápoles fosse possível uma restauração bourbônica e, por conseguinte, uma dissolução mais ampla do nexo estatal unitário).

Dessa série de observações e de análises de alguns elementos da história italiana depois da unidade, podem-se extrair alguns critérios para avaliar a posição de conflito entre os moderados e o *Partito d'Azione* e para buscar a diversa "sabedoria" política desses dois partidos e das diversas correntes que disputaram a direção política e ideológica do último deles. É evidente que, para se contrapor aos moderados de modo eficaz, o *Partito d'Azione* deveria ligar-se às massas rurais, especialmente meridionais, ser "jacobino", não apenas na "forma" externa, de temperamento, mas especialmente no conteúdo econômico-social: a coligação das diversas classes rurais, que se concretizava em um bloco reacionário nas diversas camadas intelectuais clerical-legitimistas, poderia ser dissolvida para chegar a uma nova formação liberal-nacional apenas se se fizessem esforços em duas direções: sobre os camponeses de base, aceitando suas reivindicações elementares e fazendo deles parte integrante do novo programa de governo, e sobre os intelectuais das camadas médias e inferiores, concentrando-os e insistindo nos motivos que mais poderiam interessá-los (e já a perspectiva da formação de um novo aparato governamental, com as possibilidades de emprego que oferece, era um elemento formidável de atração sobre eles, se se tivesse mostrado concreta, porque se assentaria sobre as aspirações da gente do campo). A relação entre essas duas ações era dialética e recíproca: a experiência de muitos países e, antes de tudo, da França no período da grande revolução demonstrou que quando os camponeses se movem por impulsos "espontâneos", os intelectuais começam a oscilar e, reciprocamente, se um grupo de intelectuais se coloca sobre a nova base de uma política concreta pró-camponeses, ele acaba por arrastar consigo frações de massa cada vez mais importantes. Pode-se dizer, porém, que dada a dispersão e o isolamento da população rural e, portanto, a dificuldade de concentrá-la em organizações sólidas, convém iniciar o movimento pelos grupos intelectuais; em geral, porém, é a relação dialética entre as duas ações que é preciso ter presente. Pode-se dizer ainda que é quase impossível criar partidos camponeses no sentido estrito da palavra: o partido camponês só se concretiza, em geral, como forte corrente de opiniões, não apenas em formas esquemáticas de enquadramento burocrático; no entanto, até mesmo a existência de um único esqueleto organizacional é de imensa utilidade, tanto para uma certa seleção de homens, quanto para controlar os grupos intelectuais e impedir que os interesses de classe os levem imperceptivelmente a outro terreno.

Esses critérios devem estar presentes no estudo da personalidade de Giuseppe Ferrari, que foi o "especialista" de questões agrárias desacreditado no *Partito d'Azione*. Também é preciso estudar bem em Ferrari sua atitude em relação aos assalariados agrícolas, ou seja, os camponeses sem terra e que vivem de trabalhos diários, sobre os quais ele fundamenta uma parte conspícua das suas ideologias, pelas quais ele é ainda pesquisado e lido por determinadas correntes (obras de Ferrari republicadas por Monanni com prefacio de Luigi Fabbri). É preciso reconhecer que o problema dos assalariados agrícolas é dificílimo e ainda hoje de difícil solução. Em geral, é preciso ter presentes estes critérios: em sua maioria, os assalariados agrícolas ainda hoje são – e, portanto, eram muito mais no período do Ressurgimento – simples camponeses sem terra, não operários de uma indústria agrícola desenvolvida com capital concentrado e com divisão de trabalho; no período do Ressurgimento era mais difundido, de modo relevante, o tipo do trabalhador agrícola assalariado estável em comparação com o tipo temporário. Por isso, sua psicologia é, com as devidas exceções, a mesma do colono e do pequeno proprietário (é preciso recordar a polêmica entre os senadores Tanari e Bassini no *Resto del Carlino* e na *Perseveranza*, ocorrida em torno do final de 1917 ou no início de 1918, a propósito da realização da fórmula a "terra para os camponeses" lançada por volta daquela época: Tanari era a favor, Bassini, contra, e este se baseava na sua experiência de grande industrial agrícola, de proprietário de empresas agrícolas nas quais a divisão do trabalho já havia progredido de tal maneira que tornava indivisível a terra por causa do desaparecimento do camponês-artesão e da emergência do operário moderno). A questão se colocava de forma aguda não tanto no Sul, onde o caráter artesanal do trabalho agrícola era evidente demais, mas nos vales do rio Pó, onde isso é mais velado. Porém, até em tempos recentes, a existência de um problema agudo dos trabalhadores agrícolas assalariados deveu-se em parte a causas "extraeconômicas": 1) superpopulação que não encontrava uma saída na emigração, como no Sul, e era mantida artificialmente com a política dos trabalhos públicos; 2) política dos proprietários que não queriam consolidar a população trabalhadora em uma única classe de trabalhadores assalariados agrícolas e de meeiros, alternando à meação o arrendamento, servindo-se dessa alternância para determinar uma melhor seleção de meeiros privilegiados que fossem seus aliados (em todo Congresso de proprietários rurais da região do vale do Pó discutia-se sempre se era mais conveniente a meação ou o arrendamento direto, e ficava claro que a escolha era feita por motivos de ordem político-social). Durante o Ressurgimento, o problema dos trabalhadores assalariados agrícolas do vale do Pó aparecia sob a forma de um fenômeno de miséria apavorante. Assim foi visto pelo economista Tullio Martello em sua *Storia dell'Internazionale* [História da Internacional], escrita em 1871-1872, trabalho que é preciso ter presente porque reflete as posições políticas e as preocupações sociais do período anterior.

A posição de Ferrari depois se enfraquece por causa do seu "federalismo" que, especialmente nele, que vivia na França, aparecia ainda mais como um reflexo dos interesses nacionais e estatais franceses. É preciso recordar Proudhon e seus panfletos contra a unidade italiana, combatida pelo ponto de vista declarado dos interesses estatais franceses e da democracia. Na realidade, as principais correntes da política francesa eram severamente contrárias à unidade italiana. Ainda hoje, os monarquistas (Bainville e C.) "censuram" retrospectivamente os dois Napoleões por terem criado o mito nacionalitário e por terem contribuído para que ele se realizasse na Alemanha e na Itália, diminuindo assim a estatura relativa da França, que "deveria" ser circundada por uma infinidade de pequenos estados do tipo da Suíça para ser "segura".

Ora, é justamente sob a palavra de ordem "independência e unidade", sem levar em conta o concreto conteúdo político de tais fórmulas genéricas, que os moderados, após 1848, formaram o bloco nacional sob sua hegemonia, influenciando os dois chefes supremos do *Partito d'Azione*, Mazzini e Garibaldi, de forma e em medida diversa. Os moderados tiveram sucesso em seu propósito de desviar a atenção da essência para a aparência, fato que demonstra, entre tantas outras coisas, essa expressão de Guerrazzi em uma carta a um estudante siciliano (publicada no *Arquivio Storico Siciliano* por Eugenio de Carlo – correspondência de F. D. Guerrazzi com o escrivão Francesco Paolo Sardofontana di Riella, resumida no *Marzocco* de 29 de novembro de 1929): "O que quer que deseje – seja o despotismo, seja a república ou o que for –, não pretendemos nos dividir; com esse princípio, o mundo pode cair, que reencontraremos o caminho". De resto, toda a produtividade de Mazzini foi resumida na contínua e permanente pregação da unidade.

A propósito do jacobinismo e do *Partito d'Azione*, um elemento que deve ser posto em primeiro plano é este: que os jacobinos conquistaram com luta sem trégua a sua função de partido dirigente; na realidade, eles se "impuseram" à burguesia francesa, conduzindo-a a uma posição muito mais avançada do que aquela que os núcleos burgueses primitivamente mais fortes teriam desejado "espontaneamente" ocupar e também muito mais avançada do que aquela que as premissas históricas deveriam permitir, e, por isso, as reações e a função de Napoleão I. Esse traço, característico do jacobinismo (mas antes ainda de Cromwell e dos "cabeças redondas") e, portanto, de toda a grande revolução, de forçar a situação (aparentemente) e de criar fatos consumados irreparáveis, enxotando os burgueses com chutes no traseiro, por parte de um grupo de homens extremamente enérgicos e decididos, pode ser assim "esquematizado": o terceiro estado era o menos homogêneo dos estados; possuía uma elite intelectual muito díspar e um grupo economicamente muito avançado, mas politicamente moderado. O desenrolar dos acontecimentos segue um processo dos mais interessantes. Os representantes do terceiro estado inicialmente colocam apenas as questões que envolvem os componentes físicos reais do grupo social, os seus interesses "corporativos" imediatos (corporativos no sentido tradicional, de imediatos e egoístas no sentido limitado de uma determinada categoria): os precursores da revolução são, de fato, reformadores moderados, que falam grosso, mas, na realidade, exigem muito pouco. Aos poucos, vai-se selecionando uma nova elite que não se interessa unicamente por reformas "corporativas", mas tende a conceber a burguesia como o grupo hegemônico de todas as forças populares, e essa seleção acontece por ação de dois fatores: a resistência das velhas forças sociais e a ameaça internacional. As velhas forças não querem ceder em nada e, se cedem algo, fazem-no com a vontade de ganhar tempo e preparar uma contraofensiva. O terceiro estado teria caído nessas "armadilhas" sucessivas sem a ação enérgica dos jacobinos, que se opõem a cada parada "intermediária" do processo revolucionário e mandam para a guilhotina não apenas os elementos da velha sociedade, obstinada até a morte, mas também os revolucionários de ontem, hoje transformados em reacionários. Os jacobinos, portanto, foram o único partido da revolução em ação, uma vez que eles não apenas representavam as necessidades e as aspirações imediatas das pessoas físicas reais que constituíam a burguesia francesa, mas representavam o movimento revolucionário em seu conjunto, como desenvolvimento histórico integral, porque representavam as necessidades também futuras e, novamente, não apenas daquelas determinadas pessoas físicas, mas de todos os grupos nacionais que deviam ser incorporados ao grupo de base existente. É preciso insistir, contra uma corrente tendenciosa e, no fundo, anti-histórica, que os jacobinos foram realistas à moda de Maquiavel, e não dos abstracionistas. Eles estavam convencidos da absoluta veracidade das fórmulas a respeito da igualdade, da fraternidade e da liberdade, e, o que mais importa, dessa verdade também estavam convencidas as grandes massas populares que os jacobinos instigavam e levavam à luta. A linguagem dos jacobinos, sua ideologia, seus métodos de ação refletiam perfeitamente as exigências da época, ainda que "hoje", em uma situação diversa e depois de um século de elaboração cultural, possam parecer "abstracionistas" e "frenéticos". Naturalmente eles refletiam essas exigências de acordo com a tradição cultural francesa, prova disso é a análise da linguagem jacobina que existe na Sagrada Família e a admissão de Hegel, que coloca em paralelo e reciprocamente traduzíveis a linguagem jurídico-política dos jacobinos e os conceitos da filosofia clássica alemã, à qual, em vez disso, hoje se reconhece o máximo de concretude e que originou o historicismo moderno. A primeira exigência era a de anular as forças adversárias ou, pelo menos, reduzi-las à impotência para impossibilitar uma contrarrevolução; a segunda exigência era a de ampliar os quadros da burguesia como tal e de colocá-la no comando de todas as forças nacionais, para pôr essas forças em movimento e levá-las à luta, obtendo dois resultados: a) o de opor um alvo mais amplo aos golpes dos adversários, ou seja, criar uma relação político-militar favorável à revolução; b) o de acabar com qualquer zona de passividade dos adversários em que fosse possível recrutar exércitos reacionários. Sem a política agrária dos jacobinos, Paris teria tido a Vendeia já às suas portas. A resistência da Vendeia propriamente dita está ligada à questão nacional recrudescida nas populações bretãs e, em geral, alógenas, da fórmula da "república una e indivisível" e da política de centralização burocrático-militar, às quais os jacobinos não podiam renunciar sem se suicidar. Os girondinos tentaram apelar para o federalismo para esmagar a Paris jacobina, mas as tropas provinciais levadas a Paris passaram para o lado dos revolucionários. À exceção de algumas zonas periféricas, onde a distinção nacional (e linguística) era grandíssima, a questão agrária predominou sobre as aspirações à autonomia local: a França rural aceitou a hegemonia de Paris, ou seja, compreendeu que, para destruir definitivamente o antigo regime, devia aliar-se aos elementos mais proeminentes do terceiro estado, e não aos moderados girondinos. Se é verdade que os jacobinos "forçaram" a mão, é verdade também que isso aconteceu sempre no sentido do desenvolvimento histórico real, porque eles não apenas organizaram um governo burguês, ou seja, fizeram da burguesia a classe dominante, mas fizeram mais: criaram o Estado burguês, fizeram da burguesia a classe nacional dirigente, hegemônica, ou seja, deram ao Estado novo uma base permanente, criaram a coesa nação moderna francesa.

Que, apesar de tudo, os jacobinos sempre tenham permanecido no terreno da burguesia, é demonstrado pelos acontecimentos que marcaram o seu fim como partido de formação excessivamente determinada e rija e pela morte de Robespierre: eles não quiseram reconhecer o direito de coalizão dos operários, mantendo a lei Chapelier e, como consequência, tiveram de promulgar a Lei do *Maximum*. Romperam assim o bloco urbano de Paris: suas forças de ataque, que se reuniam na cidade, dispersaram-se, decepcionadas, e o Termidor prevaleceu*. A revolução tinha encontrado os limites mais amplos de classe; a política das alianças e da revolução permanente acabara por colocar questões novas que então não podiam ser resolvidas, desencadeara forças elementares que apenas uma ditadura militar conseguiria conter.

No *Partito d'Azione* não se encontra nada que se pareça com essa diretriz jacobina, com essa inflexível vontade de se tornar o partido dirigente. Certamente é preciso ter em conta as diferenças: na Itália, a luta se apresentava como luta contra os velhos tratados, contra a ordem internacional vigente e contra uma potência estrangeira, a Áustria, que os representava e os mantinha na Itália, ocupando uma parte da península e controlando o resto. Também na França esse problema se apresentou, pelo menos em certo sentido, porque, a certo ponto, a luta interna se transformou em luta nacional travada na fronteira, mas isso aconteceu depois que todo o

---

* 9 de Termidor do ano II, no calendário revolucionário francês, equivalente a 27 de julho de 1794 no calendário gregoriano, mais conhecido apenas como Termidor, dia em que ocorreu o golpe de Estado que depôs Robespierre e a véspera de sua execução, sem julgamento, por guilhotina. (N. E.)

território estava conquistado pela revolução, e os jacobinos souberam extrair da ameaça externa os elementos para uma maior energia interna: eles entenderam bem que para vencer o inimigo externo deveriam esmagar no interior os seus aliados e não hesitaram a realizar os massacres de setembro. Na Itália, essa relação, que também existia, explícita e implícita, entre a Áustria e pelo menos uma parte dos intelectuais, dos nobres e dos proprietários de terra, não foi denunciada pelo *Partito d'Azione* ou, pelo menos, não foi denunciada com a devida energia e de um modo praticamente mais eficaz, não se tornou um elemento político ativo. Transformou-se "curiosamente" em uma questão de maior ou menor dignidade patriótica e depois cedeu lugar a um rasto de polêmicas amargas e estéreis até depois de 1898 (cf. os artigos de "Rerum Scriptor" na *Critica Sociale*, depois da retomada das publicações, e o livro de Romualdo Bonfadini, *Cinquanta anni di patriottismo* [Cinquenta anos de patriotismo]).

Deve-se recordar, a esse propósito, a questão dos "declarações" de Federico Confalonieri*: Bonfadini, no livro

---

* Federico Confalonieri (1785-1846), nobre milanês, patriota lombardo, opositor da ocupação napoleônica da península italiana, defendia a independência lombarda. Após a devolução das terras lombardas aos austríacos, correspondeu-se com oficiais que pretendiam fazer uma revolta no Piemonte para articular uma expulsão dos austríacos da Lombardia. A revolta foi sufocada e Confalonieri, preso. As declarações citadas são as dadas em seu julgamento, mantidas em segredo pelos magistrados subordinados aos austríacos. (N. E.)

supracitado, afirma em uma nota ter visto a coleção das "declarações" no Arquivo de Estado de Milão e se refere a cerca de 80 dossiês. Outros sempre negaram que a coleção de declarações existisse na Itália, e assim explicavam a sua não publicação; em um artigo publicado em 1925 (?), dizia--se que as declarações haviam sido localizadas e seriam publicadas. Deve-se lembrar de que num certo período a *Civiltà Cattolica* desafiou os liberais a publicá-las afirmando que, se conhecidas, teriam feito nada menos do que mandar pelos ares a unidade do Estado. Na questão Confalonieri, o fato mais notável consiste nisto: que, à diferença de outros patriotas perdoados pela Áustria, Confalonieri, que também era um homem político extraordinário, retirou-se da vida ativa e manteve, depois de sua libertação, uma postura muito reservada. É preciso reexaminar criticamente toda a questão Confalonieri, juntamente com o comportamento mantido por ele e por seus companheiros, com uma análise aprofundada das memórias escritas por cada um deles quando as escreveram: pelas polêmicas que provocou, são interessantes as memórias do francês Alexandre-Philippe Andryane, que devota muito respeito e admiração por Confalonieri, enquanto ataca G. Pallavicino por sua fraqueza.

A respeito das defesas feitas também recentemente pela atitude mantida pela aristocracia lombarda em relação à Áustria, especialmente após a tentativa de insurreição de Milão em fevereiro de 1853 e durante o vice-reinado de Maximiliano, é preciso recordar que Alessandro Luzio, cuja obra histórica é sempre tendenciosa e acrimoniosa contra os democratas, até chega a legitimar os fiéis serviços prestados à Áustria por Salvotti*: qualquer coisa, menos espírito jacobino! A nota cômica sobre esse assunto é dada por Alfredo Panzini, que, na *Vita di Cavour*, faz toda uma modificação tão afetada quanto repugnante e hipócrita sobre uma "pele de tigre" exposta através de uma janela aristocrática durante uma visita de Francisco José a Milão!

Entre todos esses pontos de vista, devem ser consideradas as concepções de Missiroli, Gobetti, Dorso etc. sobre o Ressurgimento italiano como "conquista régia".

Se na Itália não se formou um partido jacobino, os motivos disso devem ser buscados no campo econômico, ou seja, na relativa fraqueza da burguesia italiana e no clima histórico diverso da Europa após 1815. Em sua política de um forçado despertar das energias populares francesas a serem aliadas à burguesia, o limite encontrado pelos jacobinos com a lei Chapelier e a *Maximum* apresentava-se, em 1848, como um "espectro" já ameaçador, sabiamente usado

---

* Antonio Salvotti (1789-1866), magistrado do Reino Lombardo-Vêneto, conselheiro do Império Austríaco, foi o responsável pela instrução de diversos processos contra insurgentes que conspiravam contra o império, incluindo os processos contra Confalonieri e Pallavicino. (N. E.)

pela Áustria, pelos velhos governos e também por Cavour (além do papa). A burguesia não podia (talvez) mais estender sua hegemonia sobre vastas camadas populares que, em vez disso, pôde abarcar na França (não podia por razões subjetivas, não objetivas), mas a ação sobre os cidadãos certamente era sempre possível.

Diferenças entre a França, a Alemanha e a Itália no processo de tomada do poder por parte da burguesia (e Inglaterra). Na França acontece o processo mais rico de desenvolvimento e de elementos políticos ativos e positivos. Na Alemanha, o processo se desenvolve, sob alguns aspectos, de maneiras parecidas com as italianas e, sob outros, com as inglesas. Na Alemanha, o movimento de 1848 fracassa por causa da escassa concentração burguesa (a palavra de ordem do tipo jacobino foi dada pela extrema esquerda democrática: "revolução permanente") e porque a questão da renovação estatal está entrelaçada à questão nacional; as guerras de 1864, 1866 e 1870 resolvem ao mesmo tempo a questão nacional e a de classe em um tipo intermediário: a burguesia consegue o governo econômico-industrial, mas as velhas classes feudais permanecem como classe governante do Estado político com amplos privilégios corporativos no exército, na administração e sobre a terra: mas, pelo menos, se essas velhas classes conservam tanta importância na Alemanha e desfrutam de tantos privilégios, elas exercem uma função nacional, transformam-se nos "intelectuais" da burguesia, com um determinado temperamento dado pela origem de casta e pela tradição. Na Inglaterra, onde a revolução burguesa se desenvolveu antes do que na França, temos um fenômeno parecido àquele alemão de fusão entre o velho e o novo, apesar da extrema energia dos "jacobinos" ingleses, ou seja, os "cabeças-redondas" de Cromwell; a velha aristocracia permanece como camada governamental, com certos privilégios, torna-se também ela classe intelectual da burguesia inglesa (de resto, a aristocracia inglesa tem quadros abertos e se renova continuamente com elementos provenientes da intelectualidade e da burguesia). A propósito, deve-se ver algumas observações contidas no prefácio à tradução inglesa de *Utopia e Scienza* [Utopia e Ciência], que é preciso lembrar por causa da pesquisa sobre os intelectuais e suas funções histórico-sociais.

A explicação dada por Antonio Labriola sobre a permanência no poder na Alemanha dos *junker** e do kaiserismo, apesar do grande desenvolvimento capitalista, esconde a explicação correta: a relação de classes criada pelo desenvolvimento industrial ao se atingir o limite da hegemonia

---

* Designação dos nobres latifundiários nos Estados alemães antes da unificação. (N. E.)

burguesa, e com a inversão das posições das classes progressistas, levou a burguesia a não lutar a fundo contra o velho regime, mas a deixar subsistir uma parte de sua fachada por trás da qual encobriria o próprio domínio real.

Essa diferença de processo na manifestação do próprio desenvolvimento histórico nos diversos países deve ser vinculada não apenas às diversas combinações das relações internas à vida das diferentes nações, mas também às diversas relações internacionais (as relações internacionais são frequentemente subestimadas nesse tipo de pesquisa). O espírito jacobino, audaz, temerário, está certamente ligado à hegemonia exercida tão longamente pela França na Europa e, ademais, à existência de um centro urbano como Paris e à centralização alcançada na França por obra da monarquia absoluta. As guerras de Napoleão, em vez disso, com a enorme destruição de homens, entre os mais audazes e ativos, debilitaram não apenas a energia política militante francesa, mas também a das outras nações, ainda que intelectualmente tenham sido muito fecundas para a renovação da Europa.

As relações internacionais certamente tiveram grande importância na determinação da linha de desenvolvimento do *Risorgimento* italiano, mas elas foram exageradas pelo partido moderado e por Cavour por causa de objetivos partidários. A esse propósito, é digno de nota o fato de que Cavour, que teme tanto quanto o fogo a iniciativa garibaldina antes da partida de Quarto* e da passagem do Estreito** por conta das complicações internacionais que podia criar, é depois impelido, ele próprio, pelo entusiasmo criado pelos Mil na opinião europeia, até a chegar a ver como factível uma nova guerra imediata contra a Áustria. Existia em Cavour certa deformação profissional do diplomata, que o levava a ver dificuldades "demais" e o induzia a exageros "conspiratórios" e a prodígios, que são em boa parte funambulescos, de sutileza e de intriga. Em todo caso, Cavour atuou magnificamente como um homem de partido; e se, afinal, o seu partido representava os mais profundos e duradouros interesses nacionais, até mesmo no sentido de uma extensão mais vasta, a ser dada à comunidade, de exigências da burguesia para com a massa popular, essa é outra questão.

A propósito da palavra de ordem "jacobina" formulada em 1848-1849, é preciso estudar o seu complicado destino. Retomada, sistematizada, elaborada, intelectualizada pelo grupo Parvus-Bronstein***, ela se manifestou inerte e ineficaz

---

* Quarto dei Mille, onde se inicia a Expedição dos Mil à Sicília, episódio de extrema importância para a unificação da Itália. (N. E.)

** Estreito de Messina, um estreito no mar Mediterrâneo entre Messina, na Sicília, e Reggio di Calabria, na Calábria. Após a conquista de toda a ilha da Sicília, a Expedição dos Mil atravessou o Estreito de Messina para assediar os territórios peninsulares do Reino das Duas Sicílias. (N. E.)

*** Aleksandr Lvovitch Parvus, pseudônimo de Izrail Lazarevitch Gelfand (1867-1924), e Lev Davidovitch Bronstein (1879-1940), verdadeiro nome de Trótski. Aqui Gramsci se refere aos trabalhos do período em que Trótski estava próximo aos mencheviques. (N. E.)

em 1905 e, a seguir, tinha-se transformado em uma coisa abstrata, de gabinete científico. Em vez disso, a corrente que se opôs a ela nessa sua manifestação literária aplicou-a, de fato, de forma pertinente e sem empregá-la "de propósito" à história atual, concreta, viva, adaptada ao tempo e ao lugar, como que jorrando por todos os poros de determinada sociedade que era preciso transformar, como aliança de dois grupos sociais, com a hegemonia do grupo urbano.

No primeiro caso, houve o temperamento jacobino sem um conteúdo político adequado; no segundo, um temperamento e conteúdo "jacobino" de acordo com as novas relações, e não de acordo com uma etiqueta literária e intelectualista.

(Caderno 19, § 24)

2. A função do Piemonte no Ressurgimento italiano

A função do Piemonte no Ressurgimento italiano é a de uma "classe dirigente". Na realidade, não se trata do fato de que em todo o território da península existissem núcleos de classe dirigente homogênea cuja tendência irresistível para se unificar havia determinado a formação do novo Estado nacional italiano. Esses núcleos existiam, sem dúvida, mas sua tendência a unir-se era muito problemática; porém, o que mais conta é que eles, cada um em seu âmbito, não eram "dirigentes". O dirigente pressupõe o "dirigido", e quem era dirigido por esses núcleos? Esses núcleos não queriam "dirigir" ninguém, ou seja, não queriam combinar os seus interesses e aspirações com os interesses e aspirações de outros grupos. Queriam "dominar", não "dirigir", e mais: queriam que seus interesses dominassem, e não suas pessoas, isto é, queriam que uma força nova, independente de todo acordo e de toda condição, se tornasse a autoridade suprema da Nação: essa força foi o Piemonte e, por conseguinte, a função da monarquia. Portanto, o Piemonte teve uma função que, sob certos aspectos, pode ser comparada àquela do partido, ou seja, do pessoal dirigente de um grupo social (e sempre se falou, de fato, em "partido piemontês"); com a especificação de que se tratava de um Estado, com um exército, uma diplomacia etc.

Esse fato é da máxima importância para o conceito de "revolução passiva": ou seja, que um grupo social não seja o dirigente de outros grupos, mas que um Estado, ainda que limitado como potência, seja o "dirigente" do grupo que deveria ser dirigente e possa colocar à disposição deste um exército e uma força político-diplomática. Pode-se fazer referência àquela que foi chamada de função do "Piemonte" na linguagem político-histórica internacional. A Sérvia antes da guerra tinha ares "do Piemonte" dos Bálcás. (De resto, a França, após 1789 e por muitos anos, até o golpe de estado de Luís Napoleão foi, nesse sentido, o Piemonte da Europa.) O fato de a Sérvia não ter tido êxito como teve o Piemonte deveu-se ao fato de que no pós-guerra houve um despertar político dos camponeses que não existia após 1848. Se se estuda de perto o que aconteceu no reino iugoslavo, vê-se que ali as forças "a favor da Sérvia", ou da hegemonia sérvia, são as forças contrárias à reforma agrária. Encontramos um bloco rural-intelectual antissérvio e as forças conservadoras favoráveis à Sérvia tanto na Croácia quanto nas outras regiões não sérvias. Também nesse caso não existem núcleos locais "dirigentes", mas dirigidos pela força sérvia, enquanto as forças subversoras não têm uma grande importância como função social. Para quem observa superficialmente a situação sérvia, seria de se perguntar o que teria acontecido se o chamado *brigantaggio* que houve na região de Nápoles e na Sicília de 1860 a 1870* tivesse acontecido após 1919. Sem dúvida, o fenômeno é o mesmo, mas o peso social e a experiência política das massas camponesas do pós-1919 são bem diferentes do que foram após 1848.

O importante é aprofundar o significado de uma função do tipo "Piemonte" nas revoluções passivas, ou seja, o fato de um Estado substituir grupos sociais locais ao dirigir uma luta de renovação. Esse é um dos casos em que se tem

---

* Fenômeno que consistia em revoltas populares e na prática de banditismo no Sul após a unificação. Os *briganti* eram geralmente camponeses sem terra, ex-soldados ou bandidos que se levantavam por rancor contra os latifundiários e em oposição ao governo do reino unificado. (N. E.)

a função de "domínio", e não de "direção", nesses grupos: ditadura sem hegemonia. A hegemonia será de uma parte do grupo social sobre o grupo inteiro, não deste sobre outras forças para potencializar o movimento, radicalizá-lo etc. de acordo com o modelo "jacobino". [...]

(Caderno 15, § 59).

3. Direção político-militar do movimento nacional italiano

No exame da direção política e militar imprimida ao movimento nacional antes e depois de 1848 é preciso fazer algumas observações preliminares de método e de nomenclatura. Por direção militar não se deve entender apenas a direção militar em sentido estrito, técnico, ou seja, com referência à estratégia e à tática do exército piemontês, das tropas garibaldinas ou das várias milícias improvisadas nas insurreições locais (cinco dias de Milão, defesa de Veneza, defesa da República Romana, insurreição de Palermo em 1848 etc.); deve-se entender, em vez disso, em sentido muito mais amplo e mais pertinente à verdadeira direção política. O problema essencial que se impunha do ponto de vista militar era o de banir da península uma potência estrangeira, a Áustria, que dispunha de um dos maiores exércitos da Europa na época e que tinha, além disso, não poucos e nem fracos partidários na própria península, até mesmo no Piemonte. Portanto, o problema militar era: como conseguir mobilizar uma força insurrecional que estivesse em condição não apenas de expulsar da península o exército austríaco, mas também de impedir que ele pudesse voltar com uma contraofensiva, dado que a expulsão violenta teria colocado em perigo a estruturação do Império e, por conseguinte, inflamado todas as suas forças de coesão para uma revanche. As soluções do problema apresentadas abstratamente eram muitas, todas contraditórias e ineficientes. "A Itália fará sozinha" foi a palavra de ordem piemontesa de 1848, mas isso significou uma derrota desastrosa. A política incerta, ambígua, tímida e ao mesmo tempo arriscada dos partidos de direita piemonteses foi a principal razão da derrota: eles foram de uma astúcia tacanha, foram a causa da retirada dos exércitos dos outros Estados italianos, napolitanos e romanos, por ter mostrado querer, cedo demais, a expansão piemontesa, e não uma confederação italiana; eles não favoreceram, mas hostilizaram o movimento dos voluntários; eles, enfim, queriam que somente os generais piemonteses, ineptos para o comando de uma guerra difícil como aquela, fossem os soldados vitoriosos. A falta de uma política popular foi desastrosa: os camponeses lombardos e vênetos recrutados pela Áustria foram um dos instrumentos mais eficazes para sufocar a revolução de Viena e, logo, também a italiana; para os camponeses, o movimento da região lombardo-vêneta era uma coisa de senhores e de estudantes como no movimento vienense. Enquanto os partidos nacionais italianos deveriam ter, com a sua política, determinado ou ajudado a desagregação do Império Austríaco, conseguiram, com sua inércia, que os regimentos italianos fossem um dos melhores apoios da reação austríaca. Na luta entre o Piemonte e a Áustria, a finalidade estratégica não podia ser a de destruir o exército austríaco e ocupar o território do inimigo, o que seria um objetivo inatingível e utópico, mas podia ser a de desagregar a coesão interna austríaca e ajudar os liberais a chegar ao poder de maneira estável, para transformar a estrutura política do império em federalista ou, pelo menos, para criar ali um estado prolongado de lutas internas que desse respiro às forças nacionais italianas e lhes permitisse concentrar-se política e militarmente (o mesmo erro foi cometido por Sonnino na guerra mundial, e isso contra as insistências de Cadorna: Sonnino não queria a destruição do império dos Habsburgos e se recusou a toda política de nacionalidade; mesmo depois de Caporetto, uma política nacionalitária foi feita a contragosto e de forma malthusiana, e por isso não deu os mais rápidos resultados que poderia ter dado). Depois de ter iniciado a guerra com o moto "a Itália fará sozinha", depois da derrota, quando a ação estava inteiramente comprometida, procurou-se obter a ajuda francesa, justamente quando no governo da França, também por efeito do revigoramento austríaco, havia reacionários, inimigos de um Estado italiano unitário e forte e também de uma expansão piemontesa: a França não quis dar ao Piemonte nem mesmo um general experiente, e recorreu-se ao polonês Chrzanowsky.

A direção militar era uma questão mais ampla que a da direção do exército e da determinação do plano estratégico que o exército deveria executar; ela compreendia, ademais, a mobilização político-insurrecional de forças populares que irrompessem às costas do inimigo e atrapalhassem seus movimentos e os serviços logísticos, a criação de massas auxiliares e de reserva de onde tirar novos regimentos e que dessem ao exército "técnico" a atmosfera de entusiasmo e de ardor. A política popular não foi realizada nem mesmo após 1849; aliás, a propósito dos acontecimentos de 1849, sofismou-se estupidamente a fim de intimidar as tendências democráticas: no segundo período do Ressurgimento, a política nacional de direita empenhou-se na busca por ajuda da França bonapartista e, com a aliança francesa, a força austríaca foi contrabalanceada. A política da direita em 1848 protelou a unificação da península em algumas décadas.

As incertezas na direção político-militar, as contínuas oscilações entre despotismo e constitucionalismo tiveram seus contragolpes desastrosos também no exército piemontês. Pode-se afirmar que quanto maior é um exército, em sentido absoluto, como massa recrutada, ou, em sentido relativo, como proporção de homens recrutados em relação à população total, mais a importância da direção política sobre a direção meramente técnico-militar aumenta. A combatividade do exército piemontês era altíssima no início da campanha de 1848: os de direita acreditaram que essa combatividade fosse expressão de um puro espírito militar e dinástico abstrato, e começaram a tramar para restringir as liberdades populares e atenuar as expectativas em relação a um futuro democrático. O "moral" do exército caiu. A polêmica a propósito da fatal Novara* está toda aqui. Em Novara, o exército não quis lutar, e por isso foi derrotado. Os direitistas acusaram os democratas de ter levado a política para o exército e de tê-lo desagregado: acusação idiota, porque o constitucionalismo justamente "nacionalizava" o exército, fazia dele um elemento da política geral e com isso o reforçava militarmente. E torna-se ainda mais idiota a acusação, uma vez que o exército se dá conta de uma mudança de direção política, sem necessidade de "desagregadores", por meio de uma multiplicidade de pequenas mudanças, cada uma das quais pode parecer insignificante e irrelevante, mas que

---

* Batalha de Novara, que se deu em 23 de março de 1849. Foi a batalha decisiva da Primeira Guerra de Independência Italiana, em que os exércitos sardo e austríaco se enfrentaram em Novara, atualmente a segunda maior comuna do Piemonte, próxima à Toscana. (N. E.)

no conjunto formam uma nova atmosfera opressora. Portanto, os responsáveis pela desagregação são aqueles que mudaram a direção política sem prever suas consequências militares, ou seja, substituíram com uma má política a política anterior, que era boa, porque estava de acordo com uma finalidade. O exército também é um "instrumento" para determinado fim, mas ele é constituído por homens que pensam, e não por autômatos que podem ser empregados até os limites de sua integridade mecânica e física. Se podemos e devemos, também nesse caso, falar no que é oportuno e adequado à finalidade, é preciso, contudo, incluir igualmente a distinção: de acordo com a natureza do instrumento dado. Se batermos em um prego com uma clava de madeira com a mesma força com que bateríamos com um martelo de aço, o prego penetrará na clava em vez de na parede. Uma direção política adequada é necessária também para um exército de mercenários profissionais (até nas tropas mercenárias havia um mínimo de direção política, além daquela técnico-militar); essa direção é ainda mais necessária para um exército nacional de alistados. A questão se torna ainda mais complexa e difícil nas guerras de trincheiras, feitas por enormes massas que apenas com grandes reservas de força moral podem resistir ao grande desgaste muscular, nervoso, psíquico: apenas uma habilíssima direção política, que saiba levar em conta as aspirações e os sentimentos mais profundos das massas humanas, pode impedi-lo de se desagregar e se esfacelar.

A direção militar deve ser sempre subordinada à direção política, ou seja, o plano estratégico deve ser a expressão militar de uma determinada política geral. Naturalmente, pode acontecer que em certa condição, os homens políticos sejam ineptos, enquanto no exército são os chefes que unem a capacidade militar à capacidade política: é o caso de César e de Napoleão. Mas em Napoleão se viu como a mudança de política, conjugada à presunção de ter um instrumento militar abstratamente militar, levou à sua ruína: também nos casos em que a direção política e a militar se encontram unidas na mesma pessoa é o momento político que deve prevalecer sobre o militar. Os comentários de César são um clássico exemplo de exposição de uma sábia combinação de arte política e arte militar: os soldados viam em César não apenas um grande chefe militar, mas especialmente seu chefe político, o chefe da democracia. É preciso lembrar como Bismarck, no rasto de Clausewitz, defendia a supremacia do momento político sobre o momento militar, enquanto Guilherme II, como menciona Ludwig, anotou raivosamente num jornal em que a opinião de Bismarck era relatada: assim os alemães venceram brilhantemente quase todas as batalhas, mas perderam a guerra.

Existe certa tendência a superestimar a contribuição das classes populares para o Ressurgimento, insistindo especialmente no fenômeno do voluntariado. As coisas mais sérias e ponderadas a respeito disso foram escritas por Ettore Rota na *Nuova Rivista Storica* de 1928-1929. Deixando de lado a observação feita em outra nota sobre o significado que deveria ser dado aos voluntários, é preciso ressaltar que os próprios escritos de Rota mostram como os voluntários eram malvistos e sabotados pelas autoridades piemontesas, ou seja, o que confirma justamente a má direção político-militar. O governo piemontês podia recrutar soldados de forma obrigatória em seu território estatal, em contato com a população, como a Áustria podia fazer no seu e em contato com uma população muitíssimo maior: uma guerra completa, nesses termos, teria sido sempre desastrosa para o Piemonte depois de determinado tempo. Posto o princípio de que "a Itália faz sozinha", era preciso aceitar logo a Confederação com os outros Estados italianos ou se propor a uma unidade política territorial sobre uma base tão radicalmente popular que as massas fossem levadas a se insurgir contra os outros governos e constituíssem exércitos voluntários que estivessem presentes ao lado dos piemonteses. Mas justamente aqui estava a questão: as tendências de direita piemontesas ou não desejavam auxiliares, pensando poder vencer os austríacos apenas com as forças regulares piemontesas (e não dá para entender como pudessem ter tal presunção), ou desejariam ter sido ajudadas a troco de nada (e também aqui não dá para entender como políticos sérios pudessem pretender tal absurdo): na realidade, não se pode pretender entusiasmo, espírito de sacrifício etc. sem uma contrapartida dos próprios súditos de um Estado, e menos ainda pretendê-la de cidadãos de fora do Estado com base em um programa genérico e abstrato e por uma confiança cega em um governo distante. Esse foi o drama de 1848-1849, mas certamente não é correto desvalorizar o povo italiano por isso; a responsabilidade pelo desastre deve ser atribuída tanto aos moderados, quanto ao *Partito d'Azione*, ou seja, em última análise, à imaturidade e à eficiência muitíssimo escassa das classes dirigentes.

As observações feitas a propósito da deficiência de direção político-militar no Ressurgimento poderiam ser rebatidas com um argumento muito trivial e gasto: "aqueles homens não eram demagogos, não fizeram demagogia". Outra trivialidade muito difundida para impedir o juízo negativo sobre a capacidade diretiva dos chefes do movimento nacional é a de repetir de vários modos e formas que o movimento nacional pôde agir por *mérito exclusivo* das classes cultas. Onde está o mérito é difícil entender. O mérito de uma classe culta, porque essa é sua função histórica, é o de dirigir as massas populares e desenvolver seus elementos progressistas; se a classe culta não foi capaz de preencher sua função, não se pode falar em mérito, mas em demérito, ou seja, de imaturidade e fraqueza interna. Assim, é preciso que se esteja de acordo sobre o conceito de demagogia em seu significado primordial. Eles ao menos alcançaram a finalidade a que se propunham? Eles diziam propor-se à criação do Estado moderno na Itália e produziram algo de bastardo; propunham-se a fazer surgir uma classe dirigente difusa e enérgica e não conseguiram; propunham-se a inserir o povo no quadro estatal e não conseguiram. A mesquinha vida política entre 1870 e 1900, a insurgência elementar e endêmica das classes populares, a existência tacanha e árdua de uma classe dirigente cética e preguiçosa são consequências daquela deficiência: e é consequência disso a posição internacional do novo Estado, privado de autonomia efetiva por estar minado no interior do papado e pela passividade malevolente das grandes massas.

Na realidade, os direitistas do Ressurgimento foram, de resto, grandes demagogos: eles fizeram do povo-nação um instrumento, um objeto, degradando-o, e nisso consiste a máxima e mais desprezível demagogia, justo no sentido que o termo assumiu na boca dos partidos de direita em polêmica com os de esquerda, ainda que tenham sido os partidos de direita os que sempre exerceram a pior demagogia e fizeram, frequentemente, apelo à ralé (como Napoleão III na França).

(Caderno 19, § 28)

4. Cavour: política e diplomacia

[...] Para Crispi, Cavour não deveria ser considerado um elemento de primeira linha na história do Ressurgimento, mas apenas Vítor Emanuel, Garibaldi e Mazzini. "Cavour? Mas o que fez Cavour? Nada além de *diplomatizar* a revolução..." Martini anota: "não ousei dizê-lo, mas pensei: e desculpem-me se for pouco!". Parece-me que Crispi e Martini seguem duas ordens diferentes de pensamento. Crispi pretende referir-se aos elementos ativos, aos "criadores" do movimento nacional de revolução, ou seja, aos políticos propriamente ditos. Portanto, a diplomacia é para ele uma atividade subalterna e subordinada: o diplomata não cria novos nexos históricos, mas trabalha para sancionar aqueles que o político criou: Tayllerand não pode ser comparado com Napoleão.

Na realidade, Crispi errou, mas não pela razão em que Martini acredita. Cavour não foi apenas um diplomata, mas essencialmente um político "criador", apenas o seu modo de "criar" não era o de um revolucionário, mas o de um conservador; e, em última análise, não foi o programa de Mazzini e de Garibaldi que triunfou, mas o de Cavour. Também não se consegue entender como Crispi coloca Vítor Emanuel ao lado de Mazzini e Garibaldi; Vítor Emanuel está com Cavour, e é por intermédio de Vítor Emanuel que Cavour domina Garibaldi e também Mazzini. É certo que Crispi não poderia ter reconhecido como justa essa análise por causa do "legado afetivo do intelecto"; sua paixão sectária ainda estava viva, como permaneceu sempre viva nele, mesmo com as mutações radicais de suas posições políticas. Aliás, nem mesmo Martini jamais admitiria (pelo menos em público) que Cavour tenha sido essencialmente um "apaziguador", ou se poderia dizer "um termidoriano preventivo", uma vez que nem Mazzini, nem Garibaldi, nem o próprio Crispi possuíam a capacidade dos jacobinos do Comitê de Salvação Pública. Como assinalei em outro lugar, Crispi tinha um temperamento de jacobino, não de um "jacobino político-econômico", ou seja, não tinha um programa cujo conteúdo pudesse ser comparado àquele dos jacobinos e sequer a sua feroz intransigência. De resto: existiam na Itália algumas das condições necessárias para um movimento como o dos jacobinos franceses? A França era uma nação hegemônica havia já muitos séculos: sua autonomia internacional era muito ampla. Em relação à Itália, não havia nada de parecido: ela não possuía nenhuma autonomia internacional. Nessas condições especiais, compreende-se que a diplomacia fosse concretamente superior à política criativa, que fosse a "única política criativa". O problema não era fazer surgir uma nação que tivesse o primado na Europa e no mundo, ou um Estado unitário que tomasse da França a iniciativa cívica, mas remendar um Estado unitário, fosse qual fosse. Os grandes programas de Gioberti e de Mazzini deviam ceder ao realismo político e ao empirismo de Cavour. Essa falta de "autonomia internacional" é a razão que explica muito da história italiana, e não apenas a das classes burguesas. Também se explica assim o porquê de muitas vitórias diplomáticas italianas, apesar da relativa debilidade político-militar: não é a diplomacia italiana que vence como tal, mas se trata da habilidade de saber tirar partido do equilíbrio das forças internacionais; é uma habilidade subalterna, porém profícua. Não se pode ser forte sozinho, mas nenhum sistema internacional seria o mais forte sem a Itália.

Quanto ao jacobinismo de Crispi, também é interessante o capítulo "Guerra di successione" do mesmo livro de Martini (p. 209-24, especialmente p. 224); depois da morte de Depretis, os nortistas não queriam que Crispi, que era siciliano, o sucedesse. Uma vez presidente do Conselho, Crispi desabafa com Martini, proclama o seu unitarismo etc., afirma que não existem mais regionalismos etc. Essa aparenta ser uma qualidade positiva de Crispi: a mim, em vez disso, é o julgamento contrário que parece correto. A fraqueza de Crispi foi justamente a de se ligar estreitamente ao grupo setentrional, sujeitando-se à sua chantagem, e de ter sistematicamente sacrificado o Sul, ou seja, os camponeses; quer dizer, não ter ousado, como os jacobinos ousaram, preterir os interesses corporativos do pequeno grupo dirigente imediato em benefício dos interesses históricos da classe futura, despertando-lhes as energias latentes com uma reforma agrária. Também Crispi é um termidoriano preventivo, isto é, um termidoriano que não toma o poder quando as forças latentes já foram colocadas em movimento, mas toma o poder para impedir que tais forças se desencadeiem: na Revolução Francesa, um "*fogliante*"* era um termidoriano em antecipação etc.

Será preciso pesquisar atentamente se no período do Ressurgimento apareceu pelo menos alguma alusão a um programa no qual a unidade da estrutura econômico-social italiana tenha sido vista desse modo concreto: em resumo, tenho a impressão de que apenas Cavour teve uma concepção desse gênero, ou seja, no quadro da política nacional, colocou as classes agrárias meridionais como fator primário, classes agrárias, e não de camponeses, naturalmente; ou seja, bloco rural dirigido por grandes proprietários e grandes intelectuais. Por isso, será bom estudar o volume especial do epistolário de Cavour dedicado à "Questão meridional". (Outro que deve ser estudado a esse respeito: Giuseppe Ferrari, antes e depois de 1860: depois de 1860, os discursos parlamentares sobre os fatos do Sul.)

(Caderno 6, § 89)

---

* O termo tem origem no francês *feuillant* e refere-se a um membro do grupo de tendência monarquista constitucional que atuou durante a Revolução Francesa. (N. T.)

5. O realismo de Cavour

O peso relativamente preponderante que os fatores internacionais tiveram no desenvolvimento do Ressurgimento resulta do particular realismo de Cavour, que consistia em considerar, numa medida que parecia monstruosa, a atividade diplomática do *Partito d'Azione*. Quando Crispi, acreditando reduzir a importância de Cavour, disse a Ferdinando Martini que Cavour não tinha feito nada além de "diplomatizar a revolução", na realidade ele, sem querer, reconhecia a indispensabilidade de Cavour. Mas teria sido impossível para Crispi admitir que organizar as relações internacionais tinha sido mais importante e essencial do que organizar as relações internas nacionais: significaria admitir que as forças internas nacionais eram frágeis demais diante das tarefas a serem resolvidas e que, especialmente, elas se tinham mostrado inferiores à sua missão e politicamente despreparadas e abúlicas (abúlicas no terreno da vontade política concreta, e não do jacobinismo formal). Por isso, o "realismo de Cavour" é um tema que ainda deve ser tratado, sem preconceitos e sem retórica.

(Caderno 8, § 10)

6. Cavour e Garibaldi

Cf. Emanuele Librino, "L'attività politica di Garibaldi nel 1861" [A atividade política de Garibaldi em 1861], *Nuova*

Antologia, 16 de fevereiro de 1931. Librino publica uma pequena nota de Garibaldi ao general Medici, na qual ele diz que a principal razão do conflito com Cavour é esta: Cavour quer um governo constitucional do tipo francês, com um exército fixo que poderá ser empregado contra o povo; Garibaldi quer um governo à inglesa, sem exército fixo, mas a nação armada. Não estaria aqui toda a diferença entre Cavour e Garibaldi? Pode-se ver a falta de capacidade política de Garibaldi e a não sistematicidade de suas opiniões.

(Caderno 6, § 161)

III. As forças em campo

1. As formações fundamentais

Ressurgimento. 1848-1849. Parece-me que os acontecimentos dos anos 1848-1849, dada a sua espontaneidade, possam ser considerados típicos para o estudo das forças sociais e políticas da nação italiana. Encontramos naqueles anos algumas formações fundamentais: os reacionários moderados, municipalistas – os neoguelfos-democracia católica –, e o *Partito d'Azione* – democracia liberal de esquerda burguesa nacional. As três forças estão em luta entre si, e todas as três são sucessivamente derrotadas no curso de dois anos. Após a derrota, depois de um processo interno de esclarecimento e cisão, acontece em cada um dos grupos uma reorganização das forças com tendência à direita. A derrota mais grave é a dos neoguelfos, que morrem como democracia católica e se reorganizam como elementos sociais burgueses do campo e da cidade juntamente com os reacionários, constituindo a nova força de direita liberal conservadora. Pode-se instituir um paralelo entre os neoguelfos e o *Partito Popolare**, nova tentativa de criar uma democracia católica, fracassada da mesma forma por motivos parecidos; assim como o fracasso do *Partito d'Azione* se parece com o do "subversivismo" de 1919-1920.

(Caderno 8, § 11)

2. Cosmopolitismo dos intelectuais e corporativismo da burguesia italiana

No Ressurgimento, aconteceu o último reflexo da "tendência histórica" da burguesia italiana de se manter nos limites do "corporativismo": a não resolução da questão agrária é prova desse fato. Representantes dessa tendência são os moderados, sejam os neoguelfos (neles – Gioberti – aparece o caráter universalista-papal dos intelectuais italianos, posto como premissa do fato nacional), sejam os cavouristas (ou economistas-práticos, mas à maneira do homem de Guicciardini, isto é, dedicados apenas ao seu "particular": daí o caráter da monarquia italiana). Mas os traços do universalismo medieval ainda estão em Mazzini, e determinam seu

---

* Partido democrata cristão, criado em 1919 e dissolvido em 1926. (N. E.)

fracasso político; porque se o neoguelfismo foi sucedido, na corrente moderada, pelo cavourismo, o universalismo mazziniano no *Partito d'Azione* praticamente não foi superado por nenhuma formação política orgânica e, em vez disso, permaneceu como um fermento de sectarismo ideológico e, portanto, de dissolução.

(Caderno 5, § 150)

3. Moderados e *Partito d'Azione*

Luzio e a historiografia tendenciosa e facciosa dos moderados. 1) É preciso ressaltar como o modo de escrever a história do Ressurgimento de A. Luzio foi frequentemente elogiado pelos jesuítas da *Civiltà Cattolica*. Nem sempre, mas muito mais amiúde do que se acredita, a concordância entre Luzio e os jesuítas é possível. Cf. na *Civiltà Cattolica* de 4 de agosto de 1928 as páginas 216-7 do artigo "Processo politico e condanna dell'abate Gioberti nell'anno 1833" [Processo político e condenação do abade Gioberti no ano de 1833]. Luzio tem de defender a política de Carlos Alberto (no livro *Mazzini carbonaro* [Mazzini carbonário], p. 498) e não hesita em julgar severamente a atitude de Gioberti no processo pelos eventos de 1831, de acordo com os jesuítas. É preciso destacar que os artigos publicados pela *Civiltà Cattolica* em 1928 sobre o processo de

Gioberti deixam claro, a partir de documentos vaticanos, que o papa já havia dado preventivamente, em forma loiolesca, o seu *placet* à pena capital e à execução de Gioberti, enquanto em 1821, por exemplo, a condenação à morte de um eclesiástico no Piemonte havia sido transformada em prisão perpétua por intervenção do Vaticano.

2) Sobre a literatura "histórica" de Luzio relativa aos processos do Ressurgimento é preciso fazer muitas observações de ordem político-facciosa, de método e de mentalidade. Com demasiada frequência, Luzio (no que diz respeito aos presos dos partidos democratas) parece reprovar os acusados por não se terem deixado condenar e enforcar. Também do ponto de vista jurídico ou judiciário, Luzio elabora as questões de modo falso e tendencioso, colocando-se do ponto de vista do "juiz", e não daquele dos acusados: daí as suas tentativas (ineptas e insensatas) de "reabilitar" os juízes reacionários, como Salvotti. Também em se admitindo que Salvotti deva ser considerado irrepreensível, tanto pessoalmente quanto como funcionário austríaco, isso não muda que os processos forjados por ele fossem contrários à nova consciência jurídica representada pelos patriotas revolucionários e lhes parecessem monstruosos. A condição do acusado era dificílima e delicadíssima: mesmo uma pequena admissão podia ter consequências catastróficas não apenas ao acusado individualmente, mas para uma série de pessoas,

como se viu no caso de Pallavicino*. À "justiça" sumária, que é uma forma de guerra, não importa nada da verdade e da justiça objetiva: importa apenas destruir o inimigo, mas de forma que o inimigo pareça merecer ser destruído e admita ele mesmo merecê-lo. Um exame dos escritos "histórico-judiciários" de Luzio poderia dar lugar a toda uma série de observações de método histórico psicologicamente interessantes e cientificamente fundamentais (é preciso consultar o artigo de Mariano d'Amelio "Il sucesso e il diritto" [O sucesso e o direito], no *Corriere della Sera* de 3 de setembro de 1934).

3) Esse modo à Luzio de fazer a história do Ressurgimento mostrou o seu caráter faccioso especialmente na segunda metade do século passado (e mais determinadamente após 1876, ou seja, depois da subida da esquerda ao poder): esse foi realmente um traço característico da luta política entre os católicos-moderados (ou moderados que desejavam reconciliar-se com os católicos e encontrar terreno para a formação de um grande partido de direita que pelo clericalismo tivesse uma base larga nas massas rurais) e os democratas, que, por razões análogas, queriam destruir o clericalismo.

---

* Pallavicino, ao ser preso, teria dado declarações que ajudaram na imputação de Confalonieri. (N. E.)

Um episódio típico foi o ataque desferido contra Luigi Castellazzo* pelo seu presumido comportamento no processo de Mântua, que levou aos enforcamentos de Belfiore – de *don* Tazzoli, de Carlo Poma, de Tito Speri, de Montanaru e de Fratini. A campanha era puramente facciosa, porque as acusações feitas a Castellazzo não foram feitas a outros que, nos processos, com certeza, comportavam-se notoriamente pior do que se afirmava sobre Castellazzo, e não persuasivamente, porque homens como Carducci mantiveram-se solidários ao atacado; mas Castellazzo era republicano, maçom (chefe da maçonaria?) e até havia manifestado simpatia pela Comuna. E Castellazzo se comportou pior do que Giorgio Pallavicino no processo Confalonieri? (cf. os ataques de Luzio contra Andryane por causa de sua hostilidade contra Pallavicino). É verdade que o processo de Mântua se concluiu com execuções capitais, ao passo que isso não aconteceu com Confalonieri e seus companheiros. Mas, salvo que isso não deve modificar o julgamento sobre as ações de cada indivíduo, poderia dizer-se que as execuções de Belfiore sejam devidas ao presumido comportamento de Castellazzo, e que não foram, ao contrário, a resposta fulminante à insurreição milanesa de 3 de fevereiro de 1853? E não teria

---

* Castellazzo foi um dos Mártires de Belfiore. Quando foi preso pelos austríacos, assumiu sua culpa e teria entregado o nome dos demais conjuradores. (N. E.)

contribuído para reforçar a vontade impiedosa de Francisco José a atitude vil dos nobres milaneses que rastejaram aos pés do imperador justamente na véspera da execução? (cf. as datas.) É preciso ver como Luzio se comporta em relação a essa série complexa de acontecimentos. Os moderados procuraram atenuar a responsabilidade dos nobres milaneses de forma realmente indecorosa (cf. *Cinquanta anni di patriottismo* [Cinquenta anos de patriotismo], de R. Bonfadini). Ver como Luzio se comporta na questão das declarações de Confalonieri e da atitude de Confalonieri após sua libertação. Sobre a questão de Castellazzo, cf. Luzio: *I Martiri di Belfiore* [Os Mártires de Belfiore] nas diversas edições (a quarta é de 1924); *I processi politici di Milano e di Mantova restituiti dall'Austria* [Os processos de Milão e de Mântua restituídas pela Áustria], Milão, Cogliati, 1919 (esse livrinho deveria falar das declarações de Confalonieri que o senador Salata escrevia ter "descoberto" nos arquivos vienenses); *La massoneria e il Risorgimento italiano* [A maçonaria e o Ressurgimento italiano], 2 vol., Bocca (parece que esse trabalho chegou à quarta edição em pouquíssimo tempo, o que foi maravilhoso); cf. ainda P. L. Rambaldi, "Luci e ombre nei processi di Mantova" [Luzes e sombras nos processos de Mântua], no *Archivio Storico Italiano*, V-XLIII, p. 257-331, e Giuseppe Fatini, "Le elezioni di Grosseto e La Massoneria" [A eleição de Grosseto e a maçonaria], na *Nuova Antologia*, de 16 de dezembro de 1928 (fala da eleição para deputado de Castellazzo em setembro de 1883 e da campanha que se desencadeou; Carducci apoiou Castellazzo e escreveu contra a "fúria farisaica moderada").

4) A que se propunham e, em parte, ainda se propõem (mas nessa área algumas coisas mudaram há muitos anos) os historiadores e os publicistas moderados com esse seu incansável, sagacíssimo e muito bem organizado (às vezes parece que pode ter havido um centro diretor para essa atividade, uma espécie de maçonaria moderada, tão grande é o seu espírito de sistema) trabalho de propaganda? "Demonstrar" que a unificação da península foi a obra mais importante dos moderados aliados à dinastia e legitimar historicamente o monopólio do poder. É preciso recordar que aos moderados pertenciam as maiores personalidades da cultura, enquanto a esquerda não brilhava (salvo poucas exceções) por excessiva seriedade intelectual, especialmente no campo dos estudos históricos e da publicística de categoria intermediária. A atividade polêmica dos moderados, pela sua "demonstração" amansada, conseguia desagregar ideologicamente a democracia, absorvendo muitos de seus elementos individuais e, especialmente, influenciando a educação das jovens gerações, formando-as com suas concepções, com suas palavras de ordem, com seus programas. Ademais: a) os moderados, em sua propaganda, eram sem escrúpulos, enquanto os homens

do *Partito d'Azione* eram cheios de "generosidade" patriótica, nacional etc. e respeitavam todos aqueles que tinham realmente sofrido pelo Ressurgimento, ainda que em algum momento tivessem fraquejado; b) o regime dos arquivos públicos era favorável aos moderados, aos quais era permitido individualmente fazer pesquisas de documentos contra seus adversários políticos e mutilar ou omitir documentos que teriam sido desfavoráveis a eles; somente há poucos anos foi possível publicar epistolários completos, por exemplo, de moderados toscanos, que ainda em 1859 andavam colados no grão-duque para não deixá-lo fugir etc. Os moderados não reconhecem sistematicamente uma força coletiva agente e operante do Ressurgimento além da dinastia e dos próprios moderados: do *Partito d'Azione* reconhecem a benemerência de personalidades individuais que são tendenciosamente exaltadas para serem conquistadas; outras são difamadas, conseguindo em todo caso quebrar o vínculo coletivo. Na realidade, o *Partito d'Azione* não soube contrapor nada de eficaz a essa propaganda que, pela escola, transformou-se em ensinamento oficial: lamentações ou desabafos tão ingenuamente sectários e facciosos que não conseguiam convencer os jovens cultos e deixavam indiferentes os homens do povo, ou seja, não tinham eficácia sobre as novas gerações: assim o *Partito d'Azione* foi desagregado, e a democracia burguesa não soube nunca criar para si uma base popular. A sua propaganda não se deveria basear no passado, nas polêmicas do passado, que sempre interessam pouco às grandes massas e são úteis apenas, dentro de certos limites, para constituir e reforçar os quadros dirigentes, mas no presente e no futuro, ou seja, deveria basear-se em programas construtivos em oposição (ou integrativos) aos programas oficiais. A polêmica do passado era especialmente difícil e perigosa para o *Partito d'Azione*, porque havia vencido, e o vencedor, pelo simples fato de o ser, tem grandes vantagens na luta ideológica. Não é sem significado que ninguém jamais tenha pensado em escrever uma história do *Partito d'Azione*, apesar da indubitável importância que ele teve no desenvolvimento dos acontecimentos: basta pensar nas tentativas democráticas de 1848-1849 na Toscana, no Vêneto, em Roma e na ação dos Mil.

Em determinado período, todas as forças da democracia se aliaram e a maçonaria tornou-se o eixo de tal aliança: esse é um período bem específico na história da maçonaria, transformada em uma das forças mais eficientes do Estado na sociedade civil, para refrear as ambições e os perigos do clericalismo; e esse período foi concluído com o desenvolvimento das forças operárias. A maçonaria tornou-se o alvo dos moderados, que evidentemente esperavam conquistar assim pelo menos uma parte das forças católicas, especialmente as juvenis; mas, na realidade, os moderados valorizaram as forças católicas controladas pelo Vaticano e, assim, a formação do Estado moderno e de uma consciência laica nacional (em definitivo, o sentimento patriótico) sofreu um forte contragolpe, como se vê a seguir. (Observações a serem aprofundadas.)

(Caderno 19, § 53)

4. *Partito d'Azione* e transformismo

Para a história do *Partito d'Azione* e do "transformismo" italiano em geral é muito interessante uma carta de Francesco De Sanctis a Giuseppe Civinini resumida no *Marzocco* de 4 de outubro de 1931. A carta não é datada, mas parece ter sido escrita entre o segundo semestre de 1866 e o início de 1868. Escreve De Sanctis, entre outras coisas: "A transformação dos partidos, a constituição de um partido progressista contraposto a um partido conservador, é uma velha ideia minha, pela qual luto há três anos e que é a bandeira do meu jornal". "Para mim, partido moderado e partido de ação deixaram de existir desde a catástrofe de Aspromonte*.

---

* Em 1862, Garibaldi reuniu uma tropa de voluntários em Palermo com o objetivo de tomar Roma, então território da Igreja. Partiram da Sicília e, em Aspromonte, na Calábria, foram interrompidos por uma tropa superior em número de homens do próprio Reino da Itália, visto que Napoleão III, imperador da França, apoiava e protegia o papado, e o governo italiano preferia evitar conflitos com a França. (N. E.)

A antiga esquerda morreu no dia em que Mordini e Crispi não quiseram se demitir, como muitos de seus companheiros, por causa das questões da Sicília. Desde aquela época, a esquerda entrava em um caminho de transformação e se tornou uma oposição constitucional progressista. O programa de Mordini e o outro, de Crispi, na época das eleições gerais, confirmaram essa tendência. E foi esse o partido que saiu muito fortalecido das urnas e do qual se aproximaram em grandíssimo número os novos homens que chegaram ao parlamento para formar um conluio. Nos programas daquela época não havia mais traço de ódio napoleônico, de agitações de rua, de insurreições, sem e contra o governo, de veleidades republicanas" etc. A datação parece-me errada, porque De Sanctis escreve estar assentado na esquerda, "na nova esquerda", e me parece que a passagem de De Sanctis para a esquerda tenha ocorrido mais tarde.

(Caderno 8, § 5)

5. Moderados e intelectuais

Porque os moderados deviam ter vantagem na massa dos intelectuais. Gioberti e Mazzini. Gioberti oferecia aos intelectuais uma filosofia que parecia original e, ao mesmo tempo, nacional, de forma a colocar a Itália no mesmo nível das nações mais desenvolvidas e dar uma nova dignidade ao pensamento italiano. Mazzini, em vez disso, apenas oferecia afirmações nebulosas e acenos filosóficos que, para muitos intelectuais, especialmente napolitanos, deviam parecer conversa fiada (o abade Galiani havia ensinado a caçoar daquele modo de pensar e de discutir).

Questão da escola: atividades dos moderados para introduzir o princípio pedagógico do ensino recíproco (Confalonieri, Capponi etc.); movimento de Ferrante Aporti e das escolas infantis, ligado ao problema da miséria. Nos moderados, afirmava-se apenas o movimento pedagógico concreto oposto à escola "jesuítica"; isso não podia deixar de ser eficaz tanto entre os leigos, que ganhavam na escola uma personalidade própria, quanto entre o clero liberalizante e antijesuítico (hostilidade contumaz contra Ferrante Aporti etc.; a recuperação e a educação da infância abandonada era um monopólio clerical, e essas iniciativas quebravam o monopólio). As atividades escolares de caráter liberal ou liberalizante têm um grande significado para a compreensão do mecanismo da hegemonia dos moderados sobre os intelectuais. A atividade escolar, em todos os seus níveis, tem uma enorme importância, também econômica, para os intelectuais de todas as categorias; essa importância era então ainda maior do que hoje, dada a exiguidade dos quadros sociais e os poucos caminhos abertos à iniciativa dos pequeno-burgueses (hoje: jornalismo, movimento dos partidos, indústria, aparato estatal muitíssimo amplo etc. têm ampliado de modo extraordinário as possibilidades de emprego).

A hegemonia de um centro diretivo sobre os intelectuais se afirma por duas linhas principais: 1) uma concepção geral da vida, uma filosofia (Gioberti), que ofereça aos integrantes uma dignidade intelectual que dê um princípio de distinção e um elemento de luta contra as velhas ideologias coercivamente dominantes; 2) um programa escolar, um princípio educativo e pedagógico original que interesse e dê uma atividade, em seu campo técnico, àquela porção dos intelectuais que é a mais homogênea e a mais numerosa (os professores, desde os de nível fundamental até aos da universidade).

Os congressos científicos organizados repetidamente no período do primeiro Ressurgimento tiveram uma dupla eficácia: 1) reunir os intelectuais de nível mais elevado, concentrando-os e multiplicando sua influência; 2) obter uma concentração mais rápida e uma orientação mais decidida nos intelectuais de níveis mais baixos, que são levados normalmente a seguir os universitários e os grandes cientistas por conta do espírito de casta.

O estudo das revistas enciclopédicas e especializadas apresenta um outro aspecto da hegemonia dos moderados. Um partido como o dos moderados oferecia à massa dos intelectuais todas as satisfações para as exigências gerais que possam ser oferecidas por um governo (de um partido no governo) por meio dos serviços estatais. (Para essa função de partido italiano de governo serviu otimamente, após 1848- -1849, o Estado piemontês, que acolheu os intelectuais exilados e mostrou em miniatura o que faria um estado unificado.)

(Caderno 19, § 27)

6. Gioberti e o jacobinismo

Atitude de Gioberti em relação ao jacobinismo antes e depois de 1848. Depois de 1848, no *Rinnovamento* [Renovação], não apenas não há referência ao pânico que o ano de 1793 havia espalhado na primeira metade do século, mas, pelo contrário, Gioberti mostra claramente ter simpatias pelos jacobinos (ele justifica o extermínio dos girondinos e a luta dos jacobinos em duas frentes: contra os estrangeiros invasores e contra os reacionários internos, mesmo se, muito moderadamente, acena que os métodos jacobinos que poderiam ser mais suaves etc.). Essa atitude de Gioberti em relação ao jacobinismo francês após 1848 deve ser assinalada como fato cultural muito importante: justifica-se pelos excessos da reação após 1848, que levavam a compreender melhor e a justificar a energia selvagem do jacobinismo francês.

Mas, além dessa característica, é preciso assinalar que no *Rinnovamento* Gioberti se manifesta como um verdadeiro jacobino, pelo menos teoricamente, e na dada situação italiana. Os elementos desse jacobinismo podem ser assim resumidos em linhas gerais: 1) Na afirmação da hegemonia política e militar do Piemonte, que deveria, como região, ser aquilo que Paris foi para a França: esse ponto é muito interessante e deve ser estudado em Gioberti também antes de 1848. Gioberti sentiu falta, na Itália, de um centro popular de movimento nacional revolucionário como foi Paris para a França; e essa compreensão mostra o realismo político de Gioberti. Antes de 1848, Piemonte-Roma deveriam ser os centros propulsores, para a política-milícia o primeiro, para a ideologia-religião o segundo. Depois de 1848, Roma não tem mais a mesma importância, pelo contrário: Gioberti diz que o movimento deve ser contra o papado. 2) Gioberti, ainda que vagamente, tem o conceito de "popular-nacional" jacobino, da hegemonia política, ou seja, da aliança entre burgueses-intelectuais (inteligência) e o povo; isso na economia (e as ideias de Gioberti em termos de economia são vagas, mas interessantes) e na literatura (cultura), onde as ideias são mais distintas e concretas, porque nesse campo há menos comprometimento. No *Rinnovamento* (Parte II, capítulo "Degli scrittori" [Dos escritores]) ele escreve: "Uma literatura não pode ser nacional se não é popular; porque, ainda que seja para poucos criá-la, universal deve ser seu uso e fruição. Além do mais, devendo ela exprimir as ideias e os afetos comuns e trazer à luz aqueles sentidos que jazem ocultos e confusos no coração das multidões, seus cultores devem não apenas visar ao bem do povo, mas retratar seu espírito; tanto que essa vem a ser não apenas a finalidade, mas de certo modo também o princípio das letras cívicas. E isso se vê pelo fato de que elas só chegam ao topo da perfeição e da eficácia quando incorporam e formam com a nação, por assim dizer, uma coisa única etc.".

De todas as formas que a falta de um "jacobinismo italiano" fosse sentida, isso aparece em Gioberti. E é preciso estudar Gioberti sob esse ponto de vista. Ainda: é preciso notar como Gioberti, tanto no *Primato* quanto no *Rinnovamento*, mostra-se um estrategista do movimento nacional, e não apenas um tático. Seu realismo o leva aos comprometimentos, mas sempre no círculo do plano estratégico geral. É preciso buscar a fraqueza de Gioberti, como homem de Estado, no fato de que ele sempre foi exilado e, portanto, não conhecia os homens com quem deveria lidar e que deveria dirigir, e não possuía amigos fiéis (ou seja, um partido): quanto mais estrategista ele foi, mais teve de se apoiar em forças reais que não conhecia e não podia dominar nem dirigir. (Para o conceito de literatura nacional-popular é necessário estudar Gioberti e o seu romantismo moderado.) Assim, é preciso estudar Gioberti para analisar aquilo que em outras notas é indicado como "nó histórico de 1848-1849" e o Ressurgimento em geral, mas o ponto cultural mais importante me parece ser este de "Gioberti jacobino"; jacobino teórico, obviamente, porque na prática ele não teve como aplicar suas doutrinas.

(Caderno 17, § 9)

7. O federalismo de Ferrari e Cattaneo

Foi a configuração político-histórica das contradições existentes entre o Piemonte e a Lombardia. A Lombardia não queria ser anexada, como uma província, ao Piemonte. Com forças e meios próprios, tinha feito a sua revolução democrática com os Cinco dias: talvez fosse mais italiana que o Piemonte, no sentido de que representava a Itália melhor do que o Piemonte. Que Cattaneo apresentasse o federalismo como imanente em toda a história italiana é apenas um elemento ideológico, mítico, para reforçar o programa político concreto. Por que *acusar* o federalismo de ter retardado o movimento nacional e unitário? Também é necessário insistir no critério metodológico de que uma coisa é a história do Ressurgimento e outra, diversa, é a hagiografia das forças patrióticas e, aliás, de uma parte delas, as unitárias. O Ressurgimento é um desenvolvimento histórico complexo e contraditório, que acaba sendo integral por conta de todos os seus elementos antitéticos, de seus protagonistas e de seus antagonistas, das suas lutas, das modificações recíprocas que as próprias lutas determinam e também da função das forças agrárias, além, naturalmente, da função eminente das relações internacionais.

(Caderno 8, § 33)

8. Giuseppe Ferrari e o jacobinismo diluído

Como o jacobinismo histórico (união da cidade e do campo) se diluiu e se tornou abstrato em Giuseppe Ferrari. A "lei agrária", de ponto programático concreto e atual, bem circunscrito no espaço e no tempo, transformou-se em uma vaga ideologia, em um princípio de filosofia da história. Deve-se notar que nos jacobinos franceses a política camponesa foi apenas uma intuição política imediata (arma de luta contra a aristocracia rural e contra o federalismo girondino) e que eles se opuseram a todo "exagero" utópico dos "ruralistas" abstratos. A elaboração da reforma agrária em Ferrari explica a relativa popularidade que ele teve e continua a ter entre os libertários: muitos pontos de contato entre Ferrari e Bakunin e, em geral, os *narodniks* russos: os desvalidos do campo são mitificados pela "pandestruição". Em Ferrari, diferentemente de Bakunin, ainda está viva a consciência de que se trata de uma reforma de caráter liberal. Seria necessário comparar as ideias de Ferrari sobre a reforma agrária como ponto de introdução das massas agrícolas na revolução nacional, com as ideias de Carlo Pisacane. Pisacane aproxima-se mais de Maquiavel; conceito mais limitado e concretamente político. (Ferrari contra o princípio de herança na posse da terra, contra resíduos de feudalismo, mas não contra a herança na forma capitalista; cf. com as ideias de Eugenio Rignano.)

(Caderno 8, § 35)

9. O povo no Ressurgimento

1) Ver o volume de Niccolò Rodolico: *Il popolo agli inizi del Risorgimento* [O povo no início do Ressurgimento], Florença, Le Monnier, in 8º, p. 312. 2) No estatuto da sociedade secreta Esperia, fundada pelo irmãos Bandiera, lê-se:

> Que não se façam, a não ser com máximo cuidado, filiações entre a plebe, porque ela é quase sempre imprudente por natureza e corrupta por necessidade. É preciso voltar-se preferencialmente aos ricos, aos fortes e aos doutos, negligenciando os pobres, os débeis, os ignorantes [a ser verificado].

É preciso reunir todas as observações que no primeiro período do Ressurgimento (antes de 1848) se referem a esse assunto e ver a origem dessa diferença. Uma causa deve ser buscada nos processos posteriores à tentativa de revolta militar de 1821 no Piemonte e em outros lugares: diferença de atitude entre soldados e oficiais; os soldados traíram frequentemente ou se mostraram muito fracos diante dos juízes na instrução dos processos.

Comportamento de Mazzini antes e depois da insurreição de fevereiro de 1853 em Milão; depois de 1853, devem ser vistas as suas instruções a Crispi para a fundação de seções do *Partito d'Azione* em Portugal, nas quais se recomenda colocar um operário em cada Comitê de três.

(Caderno 19, § 46)

10. A propósito do livro de Nello Rosselli sobre Pisacane

Série de interpretações. A propósito do livro de Rosselli sobre Pisacane. As interpretações do passado, quando no próprio passado se procuram as deficiências e os erros (de certos partidos ou correntes) não são "história", mas política atual *in nuce*. Eis por que os "se" frequentemente não aborrecem. Deve-se dizer que as "interpretações" do Ressurgimento na Itália estão ligadas a uma série de fatos: 1) para explicar por que aconteceu o chamado "milagre" do Ressurgimento: ou seja, é reconhecido que as forças ativas para a unidade e a independência eram escassas e que o evento não pode ser explicado apenas por tais forças, mas, por outro lado, não se quer reconhecê-lo abertamente por razões de política nacional, e se constroem romances históricos; 2) para não atingir o Vaticano; 3) para não explicar racionalmente o *brigantaggio* meridional; 4) mais tarde, para explicar a debilidade estatal durante as guerras na África (nisso se inspirou Oriani, especialmente, e, logo, os orianistas), para explicar Caporetto e o subversivismo elementar do pós-guerra, com as suas consequências diretas e indiretas.

A debilidade de tal tendência "interpretativa" consiste no que permanece puro fato intelectual, não se tornou a premissa para um movimento político nacional. Apenas com Piero Gobetti isso se estava delineando, o que precisaria ser lembrado em uma biografia sua: por essa razão, Gobetti se afasta do orianismo e de Missiroli. Junto de Gobetti é preciso colocar Dorso e, como sombra no jogo, Giovanni Ansaldo, que é mais intelectual que Missiroli. (Ansaldo é "o homem de Guicciardini" transformado em esteta e literato e que leu as páginas de De Sanctis sobre o homem de Guicciardini. Em relação a Ansaldo se poderia dizer: "Um dia, o homem de Guicciardini leu as páginas de De Sanctis sobre si mesmo e se disfarçou primeiramente como G. Ansaldo e como estrelinha negra*, mais tarde: mas a sua 'peculiaridade' ele não conseguiu disfarçar...".)

Uma questão que Rosselli não coloca muito bem em *Pisacane* é esta: como uma classe dirigente pode dirigir as massas populares, ou seja, ser "dirigente"; Rosselli não estudou o que foi o "jacobinismo" francês e de que forma o medo do jacobinismo de fato paralisou a atividade nacional. Ademais, ele não explica por que foi criado o mito do "Sul, barril de pólvora da Itália" em Pisacane e, depois, em Mazzini. Todavia, esse ponto é basilar para compreender Pisacane e a origem de suas ideias, que são as mesmas de Bakunin etc. Dessa forma, não se pode ver em Pisacane um "precursor" em ato de Sorel, mas simplesmente um exemplar do "niilismo" de origem russa e da teoria da "pandestruição" criadora (até mesmo com o mundo do crime). A "iniciativa popular" de Mazzini a Pisacane ganha as cores das tendências "populistas" extremas. (Talvez seja preciso aprofundar o filão Herzen, indicado por Ginzburg na *Cultura* de 1932.) Também a carta aos pais depois da fuga com uma mulher casada poderia ser assinada pelo Bazárov de *Pais e filhos* (a carta é publicada integralmente na *Nuova*

---

* Referência à Stella Nera (Estrela Negra), pseudônimo de Ansaldo. Ansaldo foi preso em 1926 por ter assinado o *Manifesto dos intelectuais antifascistas*, de Benedetto Croce, em 1925. Ao ser libertado, em 1927, é proibido de publicar artigos assinados e passa, então, a publicar com esse pseudônimo. (N. E.)

Antologia de 1932): tem toda a moral deduzida da natureza, como a ciência natural e o materialismo filosófico a representam. Deve ser quase impossível reconstituir a "cultura livresca" de Pisacane e estabelecer as "fontes" de seus conceitos: o único modo de proceder é reconstruir um certo ambiente intelectual de uma certa emigração política pós-1848 na França e na Inglaterra, de uma "cultura falada" de comunicações ideológicas ocorridas em discussões e conversas.

(Caderno 15, § 52)

11. Ainda sobre Rosselli e Pisacane

Resenha crítica do livro de Nello Rosselli sobre Pisacane, publicada na *Nuova Rivista Storica* de 1933 (p. 156 e ss.). Pertence a uma série de "interpretações" do Ressurgimento, assim como o livro de Rosselli. Também o autor da resenha (como Rosselli) não compreende que o que faltou no Ressurgimento tenha sido um fermento "jacobino", no sentido clássico da palavra, e que Pisacane é uma figura altamente interessante porque é dos poucos que entendeu essa falta, ainda que ele próprio não tenha sido "jacobino" da forma que era necessária à Itália. Pode-se observar ainda que o bicho-papão que dominou a Itália antes de 1859 não foi o comunismo, mas a Revolução Francesa e o terror, não foi "pânico" de burgueses, mas pânico de "proprietários de terra", e, de resto, comunismo, na propaganda de Metternich, era simplesmente a questão da reforma agrária.

(Caderno 15, § 76)

12. Pisacane e Mazzini

Cf. a resenha crítica de A. Omodeo (na *Critica* de 20 de julho de 1933) do livro de N. Rosselli sobre Carlo Pisacane, que é interessante sob muitos aspectos. Omodeo tem o olho aguçado ao ressaltar não apenas as deficiências orgânicas do livro, mas também as deficiências orgânicas da elaboração que Pisacane dava ao problema do Ressurgimento. Mas essa perspicácia lhe vem do fato de que ele se coloca do ponto de vista "conservador e retrógrado". Não parece exata a afirmação de Omodeo de que Pisacane tenha sido "um fragmento francês do 1848 inserido na história da Itália", assim como não é exata a aproximação de Pisacane aos sindicalistas modernos (Sorel etc. em ação) feita por Rosselli. Pisacane deve ser aproximado dos revolucionários russos, dos *narodiniks*, e, por isso, é interessante a alusão feita por Ginzbzurg à influência de Herzen sobre os emigrados italianos. Que Bakunin, mais tarde, tivesse tanta fortuna no Sul e na Romanha não é de se ignorar para se compreender o que Pisacane expressou em seu tempo, e parece estranho que justamente Rosselli não tenha visto o nexo.

A relação entre Pisacane e as massas plebeias não deve ser vista nem na expressão socialista, nem na sindicalista, mas antes nas de tipo jacobino, ainda que seja extremo. A crítica de Omodeo à formulação do problema do Ressurgimento em bases plebeias-socialistas é fácil demais, mas não seria igualmente fácil àquela em bases "jacobinas-reforma agrária", nem seria fácil desmentir o egoísmo sovina, tacanho, antinacional das classes dirigentes, que na realidade eram representadas, nesse caso, pelos nobres proprietários de terra e pela burguesia rural absenteísta, e não pela burguesia urbana de tipo industrial e pelos intelectuais "ideólogos", cujos interesses não estavam "fatalmente" ligados aos dos proprietários de terra, mas deveriam ter estado ligados aos dos camponeses, ou seja, foram parcamente nacionais.

Assim, "nem tudo é ouro" na observação de Omodeo de que ter programas definidos no período do Ressurgimento era uma fraqueza, uma vez que não se tinha elaborado uma "técnica" para executar os mesmos programas. Fora o fato de que não houve programas definidos em Pisacane, mas apenas uma "tendência geral" mais definida do que em Mazzini (e, na realidade, mais nacional do que em Mazzini), a teoria contra os programas definidos é de caráter puramente retrógrado e conservador. É certo que os programas definidos devam ser elaborados tecnicamente para serem aplicáveis, e também é certo que os programas definidos sem uma elaboração do processo técnico pelos quais eles se efetivariam são uma vacuidade. Mas também é certo que políticos como Mazzini, que não possuem "programas definidos", trabalham apenas para o rei da Prússia; são fermentos de revanche que infalivelmente será monopolizada pelos elementos mais retrógrados que, pela "técnica", acabarão prevalecendo sobre todos. Em conclusão, é preciso dizer, também sobre Pisacane, que ele não representava no Ressurgimento uma tendência "realista", porque estava isolado, sem um partido, sem quadros predispostos para o futuro Estado etc. Mas a questão não é tanto de história do Ressurgimento quanto de história do passado vista com interesses contemporâneos muito imediatos, e, nesse ponto de vista, a resenha de Omodeo, como outros escritos do mesmo autor, é tendenciosa em sentido conservador e retrógrado. De resto, essa resenha é interessante pelo tema das "ideologias" modernas despertadas pelo repensar a história do Ressurgimento e que tanta importância possuem para a compreensão da cultura italiana das últimas décadas.

Um tema interessante, mencionado por Gioberti (no *Rinnovamento*, por exemplo), é o das possibilidades técnicas da revolução nacional na Itália durante o Ressurgimento: questão da capital revolucionária (como Paris para a França), da disposição regional das forças insurrecionais etc. Omodeo critica Rosselli por não ter questionado a organização meridional, que não devia ser tão ineficiente em 1857 se em 1860 foi suficiente para imobilizar as forças bourbônicas, mas a crítica não parece muito fundamentada. Em 1860, a situação tinha mudado completamente, e bastou a passividade para imobilizar os Bourbons, enquanto em 1857 a passividade e os quadros planejados eram ineficientes. Não se trata, portanto, de confrontar a organização de 1860 com a de 1857, mas as diversas situações, especialmente as "internacionais". É provável, aliás, que, como organização, em 1860 se estivesse pior que em 1857, por causa da reação ocorrida.

Da resenha de Omodeo é oportuno citar este trecho:

> Rosselli entusiasma-se com a maior riqueza dos programas. Mas o programa, referido a uma situação hipotética futura, é frequentemente uma bagagem incômoda e inútil: o que importa, sobretudo, é a direção, não a especificação material das obras. Todos nós vimos o que valiam os programas para o pós-guerra, estudados quando não se sabia ainda como teriam saído da provação, com qual estado de espírito, com quais necessidades prementes! Falsa concretude, portanto, aquém da indeterminação tão recrimi-

nada em Mazzini. Além disso, não eram (e não são) poucos os pontos das reivindicações socialistas postulados sem a determinação do processo técnico para se alcançá-los, e provocavam não apenas, ou não tanto, a reação das classes prejudicadas, quanto a repugnância de quem, livre dos interesses (!) de classe, sente que não é um processo maduro, nem uma nova ordem moral, nem uma nova ordem jurídica: situação claramente antitética à da Revolução Francesa e que os diversos socialismos querem como exemplar: porque a nova ordem jurídico-moral em 1789 estava viva na consciência de todos e se apresentava como sendo de fácil implementação. (*Critica*, 20 de julho de 1933, p. 283-4)

Omodeo é muito superficial e imprudente: suas opiniões devem ser comparadas com o ensaio de Croce sobre o *Partito come giudizio e come pregiudizio* [Partido como juízo e como prejuízo], publicado em 1911. A verdade é que o programa de Pisacane era tão indeterminado quanto o de Mazzini. Toda especificação "concreta" de programa e toda determinação do processo técnico para alcançar os pontos pressupõem um partido, e um partido muito selecionado e homogêneo: esse partido faltava tanto a Mazzini quanto a

Pisacane. A falta de um programa concreto, com uma orientação geral, é uma forma de "mercenarismo" fluido, cujos elementos acabam por se alinhar com o mais forte, com quem paga melhor etc. O exemplo do pós-guerra, em vez de dar razão, desaprova Omodeo: 1) porque programas concretos na realidade nunca existiram naqueles anos, mas justamente apenas orientações gerais, mais ou menos vagas e oscilantes; 2) porque precisamente naquele período não existiam partidos selecionados e homogêneos, mas apenas bandos de ciganos inconstantes e indecisos que eram justamente símbolo da indeterminação dos programas, e não o contrário. E também a comparação com a Revolução Francesa de 1789 não é apropriada porque, na época, Paris desempenhou um papel que, na Itália pós-1848, nenhuma cidade poderia desempenhar, em qualquer programa. A questão deve ser colocada em termos da "guerra de movimento – guerra de assédio", ou seja, para expulsar os austríacos e seus auxiliares italianos, era necessário: 1) um forte partido italiano homogêneo e coerente; 2) que esse partido tivesse um programa concreto e especificado; que tal programa fosse compartilhado pelas grandes massas populares (que então só podiam ser rurais) e as tivesse educado para insurgir "simultaneamente" em todo o país. Somente a profundidade popular do movimento e a simultaneidade podiam tornar possível a derrota do exército austríaco e de seus auxiliares. Desse ponto de vista, é menos vantajoso contrapor Pisacane a Mazzini do que Pisacane a Gioberti, que possuíam uma visão estratégica da revolução italiana; estratégica não no sentido estritamente militar (como Mazzini reconhecia em Pisacane), mas político-militar. Mas também a Gioberti faltava um partido, e não apenas no sentido moderno da palavra, mas também no sentido que a palavra possuía então, ou seja, no sentido da Revolução Francesa, o de movimento dos "espíritos". De resto, para a época, o programa de Mazzini era "determinado" demais e concreto em sentido republicano e unitário, diferentemente do programa de Gioberti, que mais se aproxima do tipo jacobino de que a Itália da época precisava. Também Omodeo, no fundo (e isso é o seu anti-historicismo), coloca-se implicitamente do ponto de vista de uma Itália preexistente à sua formação, tal como existe hoje e da forma como se constituiu em 1870. (Apesar da sua aversão pela tendência econômico-jurídica, Omodeo coloca-se do ponto de vista de Salvemini em seu opúsculo sobre Mazzini: a pregação genericamente unitária de Mazzini é o núcleo sólido do mazzinianismo, sua contribuição real ao Ressurgimento.) No que diz respeito ao comportamento dos "livres de interesses de classe", no pós-guerra eles se comportaram como no Ressurgimento: nunca souberam se decidir e se alinharam ao vencedor que, aliás, por causa de sua indecisão, tinham ajudado a vencer, porque se tratava de quem representava a sua classe em sentido tacanho e mesquinho.

(Caderno 17, § 28)

13. "Itália real e Itália legal": os clericais e a sociedade civil após 1870

A fórmula encontrada pelos clericais após 1870 para indicar o desconforto político nacional resultante da contradição entre a minoria dos patriotas decididos e ativos e a maioria contrária (clericais e legitimistas, passivos e indiferentes). Em Turim publicava-se, até poucos anos antes da guerra, um jornal diário (depois semanal) dirigido por um advogado de nome Scala e intitulado *L'Italia reale*, órgão do mais negro clericalismo. Como surgiu a fórmula, por quem foi inventada e qual justificativa teórico-político-moral lhe foi dada? É preciso fazer uma pesquisa na *Civiltà Cattolica* e nos primeiros números da própria *Italia reale* de Turim, que nos últimos tempos se limitou a ser um insípido panfleto de sacristia. A fórmula é feliz do ponto de vista "demagógico", porque de fato existia e era fortemente sentida uma clara separação entre o Estado (legalidade formal) e a sociedade civil (realidade de fato), mas a sociedade civil era algo de informe e de caótico, e assim permaneceu por muitas décadas; foi possível, portanto, ao Estado dominá-la, superando de vez em quando os conflitos que se manifestavam de forma esporádica, local, sem nexo e simultaneidade nacional. Logo, nem mesmo o clericalismo era a expressão da sociedade civil, porque não conseguiu dar-lhe uma organização nacional e eficiente, apesar de ser uma organização forte e formalmente compacta: não era politicamente homogênea e tinha medo das próprias massas que, em certo sentido, controlava. A fórmula política do *"non expedit"** foi justamente a expressão de tal medo e incerteza: o boicote parlamentar, que parecia uma atitude severamente intransigente, era, na realidade, a expressão do oportunismo mais raso. A experiência política francesa tinha demonstrado que o sufrágio universal e o plebiscito de base muito amplas, em dadas circunstâncias, poderiam ser um mecanismo muitíssimo favorável às tendências reacionárias e clericais (a propósito, cf. as ingênuas observações de Jacques Bainville em sua *História da França*, quando censura o legitimismo por não ter confiado no sufrágio universal como, ao contrário, tinha feito Napoleão III): mas o clericalismo italiano sabia não ser expressão real da sociedade civil, e que um possível sucesso teria sido efêmero e determinaria um ataque frontal

---

* "Não convém", resposta da Santa Sé aos bispos piemonteses sobre a possibilidade de participarem das eleições. Por essa disposição, a Cúria Romana vetou a participação de sacerdotes e deliberou como inaceitável a participação de católicos em geral nas eleições no Reino da Itália. Essa disposição só seria revogada oficialmente por Bento XV, em 1919. (N. E.)

por parte das novas energias nacionais, ataque felizmente evitado em 1870. Experiência do sufrágio ampliado em 1882 e reação crispino-maçônica. Todavia, o comportamento clerical de manter "estático" o dissenso entre Estado e sociedade civil era objetivamente subversivo, e toda nova organização expressa por forças que, entrementes, amadureciam na sociedade, poderia servir-se disso como terreno de manobra para derrubar o regime constitucional monárquico: por isso, a reação de 1898 abateu ao mesmo tempo o socialismo e o clericalismo, julgando-os corretamente igualmente "subversivos" e objetivamente aliados. Portanto, a partir desse instante começa uma nova política vaticana, com o abandono de fato do *"non expedit"* também no campo parlamentar (o município era tradicionalmente considerado sociedade civil, e não o Estado), e isso permite a introdução do sufrágio universal, o pacto de Gentiloni e, finalmente, a fundação, em 1919, do *Partito Popolare*. A questão da existência de uma Itália real e uma Itália legal é reproposta, de outra forma, nos acontecimentos de 1924-1926, até a supressão de todos os partidos políticos, com a afirmação de se ter finalmente alcançado a identidade entre o real e o legal, porque a sociedade civil, em todas as suas formas, estava enquadrada por uma única organização política de partido e estatal.

(Caderno 19, § 31)

IV. Cidade e campo, Norte e Sul

1. A relação cidade-campo no Ressurgimento e na estrutura nacional italiana

As relações entre população urbana e população rural não são apenas de um único tipo esquemático, especialmente na Itália. É preciso, portanto, estabelecer o que se entende por "urbano" e por "rural" na civilização moderna e quais combinações podem resultar da permanência de formas antiquadas e retrógradas na composição geral da população, estudada sob o ponto de vista da sua maior ou menor aglomeração. Às vezes, verifica-se o paradoxo de que um tipo rural seja mais progressista do que um tipo que se diz urbano.

Uma cidade "industrial" é sempre mais progressista do que o campo, que depende dela organicamente. Mas na Itália nem todas as cidades são "industriais", e ainda menos cidades são tipicamente industriais. As "cem" cidades italianas são cidades industriais, mas o agrupamento da população em centros não rurais, que é quase o dobro do francês, demonstraria que existe na Itália o dobro da industrialização que existe na França? Na Itália, o urbanismo não é apenas, e nem sequer "especialmente", um fenômeno de desenvolvimento capitalista e da grande indústria. Aquela que foi por muito tempo a maior cidade italiana e continua a ser das maiores, Nápoles, não é uma cidade industrial; nem mesmo Roma, a atual maior cidade italiana, é industrial. Todavia, também nessas cidades, de um tipo medieval, existem fortes núcleos de população do tipo urbano moderno; mas qual seria sua posição relativa? Eles estão submersos, apertados, esmagados pela outra parte, que não é de tipo moderno e é a grandíssima maioria. Paradoxo das "cidades do silêncio". Nesse tipo de cidade existe, entre todos os grupos sociais, uma unidade ideológica urbana contra o campo, unidade à qual não escapam nem os núcleos mais modernos em termos de função civil, que também existem ali: existe ódio e desprezo contra o "camponês", uma frente única implícita contra as reivindicações do campo, que, se realizadas, tornariam impossível a existência desse tipo de cidade. Reciprocamente, existe uma aversão "genérica", mas não por isso menos resistente e apaixonada, do campo contra a cidade, contra toda a cidade, contra todos os grupos que a constituem. Essa relação geral, que, na realidade, é muito complexa e se manifesta de formas aparentemente contraditórias, teve uma importância primordial no desenvolvimento das lutas pelo Ressurgimento, quando este era ainda mais absoluto e operante do que hoje. O primeiro exemplo clamoroso dessas contradições aparentes deve ser estudado no episódio da República Partenopeia de 1799: a cidade foi esmagada pelo campo, organizado nas hordas do cardeal Ruffo, porque a República, tanto em sua primeira fase aristocrática, quanto na segunda fase burguesa, negligenciou completamente o campo, por um lado, mas, por outro, prenunciando a possibilidade de uma reviravolta jacobina pela qual a propriedade fundiária, que gastava em Nápoles o rendimento agrário, poderia ser expropriada, privando a grande massa popular de suas fontes de renda e de vida, deixou frios, se não hostis, os napolitanos do povo. Ademais, no Ressurgimento já se manifesta, de modo embrionário, a relação histórica entre Norte e Sul como uma relação análoga à de uma grande cidade e um grande campo. Não sendo essa relação de forma alguma uma relação orgânica normal entre província e capital industrial, mas revelando-se uma relação entre dois vastos territórios de tradição civil e cultural muito diversa, acentuam-se os aspectos e os elementos de um conflito de nacionalidade. O que, no período do Ressurgimento, é especialmente notável é o fato de que, nas crises políticas, o Sul tem a iniciativa da ação: 1799, Nápoles;

1820-1821, Palermo; 1847, Messina; e 1847-1848, Sicília e Nápoles. Outro fato notável é o aspecto particular que cada movimento assume na Itália central, como um caminho intermediário entre o Norte e o Sul: o período das iniciativas populares (relativas) vai de 1815 a 1849 e culmina na Toscana e nos Estados Pontifícios (Romanha e Lunigiana sempre devem ser consideradas pertencentes ao Centro). Essas peculiaridades têm uma correspondência também a seguir: os acontecimentos de junho de 1914 tiveram seu ápice em algumas regiões do Centro (Romanha e Marcas); a crise que se inicia em 1893 na Sicília, e que repercute no Sul e em Lunigiana, tem seu ápice em Milão, em 1898; em 1919, acontecem as invasões de terras no Sul e na Sicília; em 1929, a ocupação das fábricas no Norte. Essa sincronia relativa e essa simultaneidade mostram, por um lado, a existência, já após 1815, de uma estrutura político-econômica relativamente homogênea e, por outro, mostra como nos períodos de crise é a parte mais frágil e periférica que reage primeiro.

A relação cidade-campo entre o Norte e o Sul também pode ser estudada nas diversas concepções culturais e atitudes mentais. Como foi mencionado, no início do século, B. Croce e G. Fortunato estiveram na direção de um movimento cultural que, de uma forma ou de outra, se contrapunha ao movimento cultural do Norte (idealismo contra positivismo, classicismo contra futurismo). É preciso ressaltar o fato de que a Sicília se afasta do Sul também sob o aspecto cultural: se Crispi é o homem do industrialismo setentrional, Pirandello, em linhas gerais, é mais próximo do futurismo; Gentile e o atualismo também são mais próximos do movimento futurista (entendido, em sentido amplo, como oposição ao classicismo tradicional, como forma de um romantismo contemporâneo). Diversa é a estrutura e a origem das camadas intelectuais: no Sul, ainda predomina o tipo do "rábula", que põe a massa camponesa em contato com a dos proprietários e com o aparelho estatal; no Norte, domina o tipo do "técnico" de oficina, que serve de conexão entre a massa operária e os empresários: a conexão com o Estado era função das organizações sindicais e dos partidos políticos, dirigidos por uma camada intelectual completamente nova (o atual sindicalismo de Estado, com a consequência da difusão sistemática em escala nacional desse tipo social, de modo mais coerente e consequente possível para o velho sindicalismo, é, até certo ponto, um instrumento de unificação moral e política).

Essa relação complexa entre cidade e campo pode ser estudada nos programas políticos gerais que se procuravam afirmar antes da chegada fascista ao governo: o programa de Giolitti e dos liberais democratas tendia a criar no Norte um bloco "urbano" (de industriais e operários) que fosse a base de um sistema protecionista e reforçasse a economia e a hegemonia setentrional. O Sul tinha sido reduzido a um mercado de venda semicolonial, a uma fonte de poupança e de impostos, e era mantido "disciplinado" com duas medidas: medidas policiais de repressão impiedosa a todo movimento de massa, com extermínios periódicos de camponeses (na homenagem a Giolitti, escrita por Spectator – Missiroli – na *Nuova Antologia*, admira-se que Giolitti sempre se tenha oposto incansavelmente a toda difusão do socialismo e do sindicalismo no Sul, enquanto a coisa é natural e óbvia, uma vez que um protecionismo operário – reformismo, cooperativas, obras públicas – somente é possível se for parcial; ou seja, todo privilégio pressupõe sacrificados e espoliados); medidas político-policiais: favores pessoais à camada dos "intelectuais", ou rábulas, sob a forma de empregos nas administrações públicas, de permissão de saque sem punição das administrações locais, de uma legislação eclesiástica aplicada menos rigidamente que noutros lugares, deixando ao clero a disponibilidade de patrimônios notáveis etc., ou seja, incorporação, a "título pessoal", dos elementos mais ativos meridionais ao pessoal dirigente estatal, com especiais privilégios "judiciários", burocráticos etc. Assim, a camada social que poderia ter organizado o descontentamento meridional endêmico tornava-se, em vez disso, um instrumento da política setentrional, seu suplemento de polícia privada. Por falta de direção, o descontentamento não conseguia assumir uma forma política normal, e suas manifestações, exprimindo-se apenas de modo caótico e tumultuoso, eram apresentadas como "esferas de ação da polícia" judiciária. Na realidade, a essa forma de corrupção aderiam, ainda que passiva e indiretamente, homens como Croce e Fortunato, por causa da concepção fetichista da "unidade" (cf. o episódio Fortunato-Salvemini a propósito da *Unità*, narrado por Prezzolini na primeira edição da *Cultura italiana*).

Não se pode esquecer o fator político-moral da campanha de intimidação que se fazia contra qualquer constatação, ainda que muitíssimo objetiva, de motivos de conflito entre Norte e Sul. Deve-se lembrar a conclusão da investigação Pais-Serra sobre a Sardenha após a crise comercial da década 1890-1900 e a acusação, já evocada, movida por Crispi contra os *fasci* sicilianos de se terem vendido aos ingleses. Especialmente entre os intelectuais sicilianos existia essa forma de exasperação unitária (consequência da formidável pressão camponesa sobre a terra senhorial e da popularidade regional de Crispi) que se manifestou também recentemente no ataque de Natoli contra Croce por causa de uma referência inócua ao separatismo siciliano do Reino de Nápoles (cf. a resposta de Croce na *Critica*). O programa de Giolitti foi "perturbado" por dois fatores: 1) a afirmação dos intransigentes no *Partito Socialista* sob a direção de Mussolini e o seu flerte com os meridionalistas (livre-comércio, eleições de

Molfetta etc.), que destruía o bloco urbano setentrional; 2) a introdução do sufrágio universal, que ampliou de modo extraordinário a base parlamentar do Sul e dificultou a corrupção individual (gente demais para corromper sem dificuldades, daí o surgimento dos *mazzieri**).

Giolitti trocou de *partenaire*, substituiu o bloco urbano (ou melhor, contrapôs ao bloco urbano, para impedir seu completo esfacelamento) pelo "Pacto Gentiloni"**, ou seja, definitivamente, um bloco entre a indústria setentrional e a população rural, do "campo orgânico e normal" (as forças eleitorais católicas coincidiam geograficamente com as socialistas: ou seja, tinham-se espalhado no Norte e no Centro) com extensão dos efeitos também no Sul, pelo menos na medida imediatamente suficiente para "retificar" proveitosamente as consequências da ampliação da massa eleitoral.

O outro programa ou tendência política geral é aquele que se pode chamar do *Corriere della Sera* ou de Luigi

---

* Antigamente, era o título dado ao subordinado de um senhor, magistrado ou autoridade religiosa que portava uma maça de prata de aproximadamente um metro como símbolo de comando. Durante o período giolittiano, era a forma pejorativa de se referir aos cabos eleitorais, principalmente no Sul, que frequentemente se valiam de métodos intimidativos para convencer eleitores. (N. E.)

** Pacto entre Giolitti e Vincenzo Gentiloni, presidente *Unione Elettorale Cattolica Italiana* (União Eleitoral Católica Italiana) – organização política que compunha a Ação Católica –, que resultou na fundação do *Partito Liberale* [Partido Liberal], visando conter o crescimento do socialismo entre as massas. (N. E.)

Albertini e pode ser identificado em uma aliança entre uma parte dos industriais do Norte (tendo no comando os industriais do setor têxtil, do algodão e da seda, exportadores e, portanto, livre-cambistas) com o bloco rural do Sul: o *Corriere* apoiou Salvemini contra Giolitti nas eleições de Molfetta de 1913 (campanha de Ugo Ojetti), apoiou o ministério Salandra primeiro e, a seguir, o Nitti, ou seja, os primeiros dois governos formados por estadistas meridionais (os sicilianos devem ser considerados à parte: eles sempre saíram ganhando em todos os ministérios a partir de 1860 em diante e têm tido muitos presidentes do Conselho, diferentemente do Sul, cujo primeiro líder foi Salandra; essa "invasão" siciliana deve ser explicada com a política de chantagem dos partidos da ilha, que, por baixo dos panos, sempre mantiveram um espírito "separatista" em favor da Inglaterra: a acusação de Crispi era, de forma irrefletida, a manifestação de uma preocupação que realmente obcecava o grupo dirigente nacional mais responsável e sensível).

A ampliação do sufrágio em 1913 já havia feito surgir os primeiros indícios daquele fenômeno que terá a máxima expressão em 1919-1920-1921, como resultado da experiência político-organizativa adquirida pelas massas camponesas em guerra, ou seja, a ruptura relativa do bloco rural meridional e o afastamento dos camponeses, conduzidos por uma parte dos intelectuais (oficiais em guerra), em relação aos grandes proprietários: tem-se assim o sardismo, o partido reformista siciliano (o chamado grupo parlamentar Bonomi era constituído por Bonomi e por 22 deputados sicilianos) com a ala extrema separatista representada pela *Sicilia Nuova*, o grupo do *Rinnovamento* no Sul, formado por combatentes e que tentou constituir partidos regionais de ação à maneira sarda (cf. a revista *Volontà*, de Torraca, a transformação do *Popolo Romano* etc.). Nesse movimento, a importância autônoma das massas camponesas é colocada de maneira gradativa da Sardenha ao *Mezzogiorno* e à Sicília, de acordo com a força organizada, com o prestígio e com a pressão ideológica exercida pelos grandes proprietários, que têm na Sicília um máximo de organização e de coesão, e, ao contrário, têm uma importância relativamente pequena na Sardenha. Igualmente gradual é a independência relativa das respectivas camadas intelectuais, naturalmente em sentido inverso à dos proprietários. (Por intelectuais é preciso entender não apenas aquelas camadas comumente entendidas por essa denominação, mas, em geral, todo o estrato social que exerce funções organizativas em sentido lato, seja no campo da produção, seja no da cultura e no campo político-administrativo; correspondem aos suboficiais e oficiais subalternos no exército e também, em parte, aos oficiais superiores de origem subalterna.) Para analisar a função político-social dos intelectuais, é preciso pesquisar e examinar seu comportamento psicológico em relação às classes fundamentais com as quais se colocam em contato nos diversos campos: teriam eles um comportamento "paternalista" em relação às classes instrumentais? Ou acreditariam ser uma expressão orgânica dessas classes? Teriam um comportamento "servil" para com as classes dirigentes ou acreditariam ser os próprios dirigentes, parte integrante das classes dirigentes?

No desenvolvimento do Ressurgimento, o chamado *Partito d'Azione* já tinha um comportamento "paternalista", por isso conseguiu apenas em uma medida muito limitada colocar as grandes massas populares em contato com o Estado. O chamado "transformismo" não é senão a expressão parlamentar do fato de que o *Partito d'Azione* é incorporado molecularmente pelos moderados, e as massas populares são decapitadas, não absorvidas no âmbito do novo Estado.

Da relação cidade-campo é que deve ter início o exame das forças motrizes fundamentais da história italiana e dos pontos programáticos a partir dos quais é preciso estudar e julgar a orientação do *Partito d'Azione* no Ressurgimento. Esquematicamente, pode-se ter este quadro: 1) a força urbana setentrional; 2) a força rural meridional; 3) a força rural setentrional-central; 4-5) a força rural da Sicília e da Sardenha.

Uma vez estabelecida com segurança a função de "locomotiva" da primeira força, é preciso examinar as diversas combinações "mais úteis" aptas a construir um "trem" que avance mais rapidamente na história. No entanto, a primeira força começa a ter problemas próprios, internos, de organização, de articulação relativa à homogeneidade, de direção político-militar (hegemonia piemontesa, relação entre Milão e Turim etc.); mas continua valendo que, uma vez "mecanicamente", se tal força alcançou certo grau de unidade e de combatividade, ela exerce uma função diretiva "indireta" sobre as outras. Nos diversos períodos do Ressurgimento, parece que a colocação dessa força em uma posição de intransigência e de luta contra o domínio estrangeiro determina uma exaltação das forças progressivas meridionais: daí o sincronismo relativo, mas não a simultaneidade, nos movimentos de 1820-1821, de 1831, de 1848. Em 1859-1860, esse "mecanismo" histórico-político age com todo o rendimento possível, uma vez que o Norte começa a luta, o Centro adere pacificamente, ou quase, e no Sul o estado bourbônico desaba sob a pressão dos garibaldinos, pressão relativamente fraca. Isso acontece porque o *Partito d'Azione* (Garibaldi) intervém oportunamente, depois que os moderados (Cavour) tinham organizado o Norte e o Centro; ou seja, não é a mesma direção político-militar (moderados ou *Partito d'Azione*) que organiza a simultaneidade relativa, mas a colaboração (mecânica) das duas direções, que se integram felizmente.

A primeira força deveria, portanto, colocar-se o problema de organizar em torno de si as forças urbanas das outras seções nacionais, e especialmente do Sul. Esse problema era o mais difícil, repleto de contradições e de motivos que desencadeavam ondas de paixão (uma solução cômica dessas contradições foi a chamada revolução parlamentar de 1876). Mas a sua solução, justamente por isso, era um dos pontos cruciais do desenvolvimento nacional. As forças urbanas são socialmente homogêneas, portanto se devem encontrar em uma posição de perfeita igualdade. Em teoria, isso era verdade, mas historicamente a questão era posta de outra maneira: as forças urbanas do Norte estavam claramente na liderança de sua seção nacional, enquanto para as forças urbanas do Sul isso não se verificava, pelo menos em igual medida. As forças urbanas do Norte deveriam, portanto, conseguir das forças do Sul que a sua função diretiva se limitasse a assegurar a direção do Norte em relação ao Sul na relação geral de cidade-campo, ou seja, a função diretiva das forças urbanas do Sul não poderia ser mais que um momento subordinado da mais ampla função diretiva do Norte. A contradição mais estridente nascia dessa ordem de fatos: a força urbana do Sul não podia ser considerada algo em si, independente daquela do Norte; colocar a questão assim significaria afirmar prejudicialmente um irreparável dissídio "nacional", dissídio tão grave que nem mesmo a solução federalista poderia recompor; seria afirmada a existência de nações diversas, entre as quais seria possível realizar apenas uma aliança diplomático-militar contra o inimigo comum, a Áustria (o único elemento de comunidade e solidariedade, enfim, consistiria apenas em ter um inimigo "comum"). Na realidade, porém, existiam somente alguns "aspectos" da questão nacional, não "todos" os aspectos e nem mesmo os mais essenciais. O aspecto mais grave era a fraca posição das forças urbanas meridionais em relação às forças rurais, relação desfavorável que se manifestava de vez em quando em uma verdadeira submissão da cidade ao campo. A ligação estreita entre forças urbanas do Norte e do Sul, dando a estas a força representativa do prestígio daquelas, deveria ajudar as forças do Sul a se tornarem autônomas, a adquirir consciência de sua função histórica dirigente de modo "concreto", e não puramente teórico e abstrato, sugerindo as soluções a serem dadas aos amplos problemas regionais. Era natural que se encontrassem fortes oposições à unidade no Sul: a tarefa mais grave para resolver a situação dizia respeito, de toda forma, às forças urbanas do Norte, que não apenas deveriam convencer seus "irmãos" do Sul, mas deveriam começar a convencer a si próprias dessa complexidade de sistema político: portanto, em termos práticos, o problema estava na existência de um forte centro de direção política com o qual necessariamente deveriam ter colaborado individualidades meridionais e das ilhas fortes e populares. O problema de criar uma unidade Norte-Sul estava estritamente relacionado e em grande parte absorvido no problema de criar uma coesão e uma solidariedade entre todas as forças urbanas nacionais. (A argumentação desenvolvida mais acima é válida, de fato, para todas as três seções meridionais, Nápoles, Sicília e Sardenha.)

Por sua vez, as forças rurais centro-setentrionais colocavam uma série de problemas que a força urbana do Norte deveria se colocar a fim de estabelecer uma relação normal cidade-campo, expulsando as interferências e as influências de origem externa ao desenvolvimento do novo Estado. Nessas forças rurais era preciso distinguir duas correntes: uma laica e outra clerical, partidária da Áustria. A força clerical tinha o seu peso máximo na região lombardo-vêneta, além da Toscana e de uma parte do Estado pontifício; a força laica pesava no Piemonte, com interferências mais ou menos amplas no resto da Itália, além das embaixadas, especialmente na Romanha, também nas outras áreas, até o Sul e as ilhas. Resolvendo bem essas relações imediatas, as forças urbanas setentrionais teriam dado um ritmo a todas as questões análogas em escala nacional.

Em toda essa série de problemas complexos, o *Partito d'Azione* fracassou completamente: ele se limitou, de fato, a transformar em uma questão essencial de princípio e de programa aquela que era simplesmente uma questão de terreno político, na qual tais problemas poderiam ter-se concentrado e encontrado uma solução legal: a questão da Constituinte. Não se pode dizer que tenha fracassado o partido moderado, que se propunha à expansão orgânica do Piemonte, queria soldados para o exército piemontês, e não insurreições ou armadas garibaldinas excessivamente vastas.

Por que o *Partito d'Azione* não colocou em toda a sua extensão a questão agrária? Que os moderados não a colocassem, era óbvio: a elaboração dada pelos moderados ao problema nacional exigia um bloco de todas as forças de direita, inclusive das classes dos grandes proprietários de terra, em torno do Piemonte como Estado e como exército. A ameaça feita pela Áustria de resolver a questão agrária a favor dos camponeses, ameaça que foi cumprida na Galícia contra os nobres poloneses a favor dos camponeses rutenos, não apenas lançou a confusão entre os envolvidos na Itália, determinando todas as oscilações da aristocracia (acontecimentos de Milão de fevereiro de 1853 e ato de homenagem das mais ilustres famílias milanesas a Francisco José, justamente na véspera dos enforcamentos de Belfiore), mas paralisou o próprio *Partito d'Azione*, que nesse terreno pensava como os moderados e considerava "nacionais" a aristocracia e os proprietários, e não os milhões de camponeses. Apenas após fevereiro de 1853 Mazzini fez alguma referência substancialmente democrática (ver o epistolário daquele período), mas não foi capaz de uma radicalização decisiva do seu programa abstrato. Deve-se estudar a conduta política dos garibaldinos na Sicília em 1860, conduta que era ditada por Crispi: os movimentos de insurreição dos camponeses contra os barões foram impiedosamente esmagados e foi criada a Guarda Nacional Anticamponesa; é típica a expedição repressiva de Nino Bixio à região da Catânia, onde as insurreições foram mais violentas. Todavia, também nas *Noterelle* [Notinhas] de G. C. Abba há elementos para demonstrar que a questão agrária era a mola propulsora para fazer entrar em movimento as grandes massas: basta recordar os discursos de Abba com o frade que vai ao encontro dos garibaldinos logo após o desembarque em Marsala. Em algumas novelas de G. Verga, há elementos pitorescos desses levantes camponeses que a guarda nacional sufocou com o terror e com o fuzilamento em massa. (Esse aspecto da Expedição dos Mil não foi estudado e analisado.)

A não elaboração da questão agrária levava à quase impossibilidade de resolver a questão do clericalismo e do comportamento antiunitário do papa. Nesse aspecto, os moderados foram muito mais ousados do que o *Partito d'Azione*: é verdade que eles não distribuíram os bens eclesiásticos entre os camponeses, mas se serviram deles para criar uma nova classe de grandes e médios proprietários ligados à nova situação política e não hesitaram em violar a propriedade fundiária, mesmo que apenas a das Congregações. Ademais, o *Partito d'Azione* estava paralisado, em sua ação para os camponeses, pelas veleidades mazzinianas de uma reforma religiosa que não só não interessava às grandes massas rurais, mas, ao contrário, tornavam-nas suscetíveis de um aliciamento contra os novos hereges. O exemplo da Revolução Francesa estava ali para demonstrar que os jacobinos, que tinham conseguido esmagar todos os partidos de direita, até os girondinos, no terreno da questão agrária, e não apenas impedir a coalizão rural contra Paris, mas multiplicar seus partidários nas províncias, foram prejudicados pelas tentativas de Robespierre de instaurar uma reforma religiosa, que, no entanto, possuía um significado e uma concretude imediata no processo histórico real. (Seria necessário estudar atentamente a política agrária real da República Romana e o verdadeiro caráter da missão repressiva dada por Mazzini a Felice Orsini na região da Romanha e nas Marcas: nesse período, e até 1870 – mesmo depois –, com o nome de *brigantaggio* se pretendia indicar quase sempre o movimento caótico, tumultuário e pontilhado de crueldade, dos camponeses para se apoderar da terra.)

(Caderno 19, § 26)

2. Questão meridional, questão siciliana, questão sarda

Poder-se-ia reunir em um mesmo ensaio diversas séries de notas, escritas a partir de interesses intelectuais diversos, mas que na realidade são expressão de um mesmo problema fundamental. Assim acontece com as notas sobre as questões da língua, do romantismo italiano (se é que existiu), dos motivos por que a literatura italiana não é popular, da existência ou não de um teatro italiano etc. e com as notas sobre as várias interpretações que foram feitas do movimento do Ressurgimento, até as discussões mais recentes sobre a "racionalidade" e sobre o significado do presente regime (psicoses de guerra etc.). Todos esses assuntos estão estreitamente ligados e devem ser conectados, como um bloco, às discussões e às interpretações, feitas durante todo o século XIX, da pregressa história que se desenvolveu na península italiana, das quais pelo menos uma parte está documentada no livro de Croce sobre a *Storia della Storiografia italiana nel secolo XIX* [História da Historiografia italiana no século XIX] (de que é preciso ver a última edição, especialmente por causa do trecho que diz respeito a Volpe e à sua *Italia in cammino*, assim como será preciso ver o prefácio de Volpe à terceira edição desse seu livro, em que se polemiza com Croce. De Volpe, deve--se ver, ademais, todos os escritos de história e de teoria ou de história da história). Que tais polêmicas e tanta variedade de interpretação dos fatos tenham sido e ainda sejam possíveis é, por si mesmo, um fato muito importante e característico de uma determinada situação político-cultural. Não parece que algo parecido tenha acontecido em qualquer outro país, pelo menos com essa regularidade, abundância e persistência. (Seria possível talvez evocar para a França a obra de Julian sobre o elemento céltico na história francesa, sobre o seu antirromanismo etc.; mas deve-se observar que, na própria França, Julian causou estranhamento, apesar de seus dons de erudito e de escritor. Coisa parecida talvez exista na Espanha, com as discussões sobre o fato de a Espanha ser Europa ou África etc.; é preciso ver esse lado da cultura espanhola.)

Nesse fenômeno característico italiano, vários aspectos devem ser discriminados: 1) o fato de que os intelectuais são desagregados, sem hierarquia, sem um centro de unificação e centralização ideológica e intelectual, o que é resultado de uma parca homogeneidade, coesão e "nacionalidade" da classe dirigente; 2) o fato de que essas discussões são, na realidade, a perspectiva e o fundamento histórico de programas políticos implícitos, que permanecem implícitos, retóricos, porque a análise do passado não é feita objetivamente, mas de acordo com preconceitos literários ou de nacionalismo literário (e também de antinacionalismo literário, como no caso de Montefredini).

Acrescente-se a essa série de questões: a questão meridional (na elaboração de Fortunato, por exemplo, ou de Salvemini, com o relativo conceito de "unidade"), a questão siciliana (deve-se ver *Le più belle pagine* [As mais belas páginas], de Michele Amari, reunidas por V. E. Orlando, de modo a mostrar a Sicília como um "momento" da história mundial), a questão sarda (as cartas de Arborea, a serem comparadas com semelhante tentativa boêmia por volta de 1848, ou seja, contemporaneamente).

Que a política nacional por volta de 1848 esteja "teorizada" de maneiras tão abstratas por literatos, sem que a esses teóricos corresponda um grupo adequado de técnicos da política que saibam colocar as questões em termos de "efetividade", é a característica mais pronunciada da situação política italiana; os negócios reais estão nas mãos dos funcionários especializados, homens, sem dúvida, de valor e de capacidade do ponto de vista técnico-profissional burocrático, mas sem vínculos permanentes com a "opinião pública", ou seja, com a vida nacional. Aconteceu na Itália algo parecido com o que havia ocorrido na Alemanha Guilhermina, com esta diferença: que na Alemanha, por trás da burocracia, havia os *junkers*, uma classe social, ainda que mumificada e mutilada, enquanto não existia na Itália uma força desse tipo: a burocracia italiana pode ser comparada à burocracia papal ou, melhor ainda, à burocracia chinesa dos mandarins. Essa certamente satisfazia aos interesses de grupos bem precisos (em primeiro lugar, os proprietários rurais, depois a indústria protegida etc.), mas sem plano nem sistema, sem continuidade, na base – para dizer rapidamente – do "espírito de combinação" que era necessário para "harmonizar" as muitas contradições da vida nacional que nunca se procurou resolver de modo orgânico e segundo uma orientação consequente. Essa burocracia não podia deixar de ser especialmente "monárquica"; pelo que se pode dizer que a monarquia italiana foi essencialmente uma "monarquia burocrática", e o rei foi o primeiro dos funcionários, no sentido de que a burocracia era a única força "unitária" do país, permanentemente "unitária".

Outro problema típico italiano: o papado, que também deu origem a interpretações dinâmicas do Ressurgimento que não deixaram de provocar um efeito na cultura nacional e ainda provocam: basta lembrar o *giobertismo* e a teoria do *Primato*, que ainda hoje entra no ensopado ideológico em moda. É preciso lembrar o comportamento dos católicos na política, o *non expedit* e o fato de que no pós-guerra o *Partito Popolare* era um partido que obedecia a interesses não nacionais, uma forma paradoxal de ultramontanismo, uma vez que o papado estava na Itália e não podia aparecer politicamente como aparecia na França e na Alemanha, ou seja, claramente fora do Estado.

Todos esses elementos contraditórios sintetizam-se na posição internacional do país, extremamente frágil e precária, sem possibilidades de uma linha de longa perspectiva, situação expressa pela guerra de 1914 e pelo fato de que a Itália combateu no campo oposto ao de suas alianças tradicionais.

Outro documento de interpretação da história italiana é o livro de Nello Quillici, *Origine, sviluppo e insufficienza della borghesia italiana* [Origem, desenvolvimento e insuficiência da burguesia italiana] (edição dos *Nuovi Problemi*, Ferrara).

(Caderno 14, § 47)

3. O Ressurgimento e a Itália meridional

Estudar as origens e as causas da convicção que existe em Mazzini de que a insurreição nacional deveria começar, ou seria mais fácil de se fazer começar, na Itália meridional (irmãos Bandiera, Pisacane). Parece que tal pensamento também era o de Pisacane, que, igualmente, como escreve Mazzini (*Opere* [Obras], vol. LVIII, *Epist.*, XXXIV, 1931), tinha um "conceito estratégico da guerra de insurreição". Será que se tratava de um desejo (contrapor a iniciativa popular meridional à iniciativa monárquica piemontesa?) transformado em convicção, ou tinha origens racionais e positivas? E quais poderiam ser?

Associar essa convicção à de Bakunin e dos primeiros internacionalistas, já antes de 1870: mas em Bakunin essa convicção correspondia à concepção política da eficiência subversora de certas classes sociais. E onde seria preciso buscar esse conceito estratégico da guerra de insurreição nacional de Pisacane? Em seus ensaios político-militares, em todos os escritos dele que permaneceram e nos chegaram, e mais: nos escritos de Mazzini (em todos os escritos, mas especialmente no epistolário; seria possível escrever um ensaio sobre Pisacane e Mazzini) e nas várias atitudes práticas de Pisacane. A mim parece que um dos momentos mais importantes seja a oposição de Pisacane a Garibaldi durante a República Romana. Por que essa oposição? Será que Pisacane, em princípio, era contrário à ditadura militar? Ou a oposição era de caráter político-ideológico, ou seja, era contra o fato de que tal ditadura teria sido meramente militar, com um vago conteúdo nacional, enquanto Pisacane queria dar à guerra de insurreição, além do conteúdo nacional, antes e especialmente um conteúdo social? Em todo caso, a oposição de Pisacane foi um erro nesse caso específico, porque não se tratava de uma ditadura vaga e indeterminada, mas de uma ditadura em regime de república já instaurada, com um governo mazziniano em atividade (teria sido um governo de salvação pública, de caráter mais estritamente militar, mas talvez justamente os preconceitos ideológicos de oposição às experiências da Revolução Francesa tenham tido grande parte em determinar essa aversão).

(Caderno 7, § 92)

4. A hegemonia do Norte

A hegemonia do Norte teria sido "normal" e historicamente benéfica se o industrialismo tivesse a capacidade de ampliar com certo ritmo os seus quadros para incorporar cada vez mais novas zonas econômicas assimiladas. Essa hegemonia teria sido então a expressão de uma luta entre o velho e o novo, entre o progressivo e o atrasado, entre o mais produtivo e o menos produtivo; haveria uma revolução econômica de caráter nacional (e de amplitude nacional), mesmo se o seu motor fosse momentânea e funcionalmente regional. Todas as forças econômicas seriam estimuladas, e a discórdia seria substituída por uma unidade superior. Mas, no entanto, não foi assim. A hegemonia apresentou-se como permanente; a discórdia apresentou-se como uma condição histórica necessária por um tempo indeterminado e, portanto, aparentemente "eterna" para a existência de uma indústria setentrional [...]

(Caderno 1, § 149)

V. O Ressurgimento como "revolução passiva"

1. Vincenzo Cuoco e a revolução passiva

Vincenzo Cuoco chamou de revolução passiva aquela que ocorreu na Itália como reação às guerras napoleônicas. O conceito de revolução passiva me parece exato não apenas para a Itália, mas também para outros países que modernizaram o Estado por meio de uma série de reformas ou de guerras nacionais, sem passar pela revolução política de tipo radical-jacobino. Ver em Cuoco como ele desenvolve o conceito para a Itália.

(Caderno 4, § 57)

2. "Guerra de posição" e "guerra manobrada": Cavour e Mazzini

O conceito de "revolução passiva" no sentido de Vincenzo Cuoco, atribuída ao primeiro período do Ressurgimento italiano, poderia ser colocado em relação ao conceito de "guerra de posição", em oposição ao de guerra manobrada? Ou seja, esses conceitos surgiram depois da Revolução Francesa e o binômio Proudhon-Gioberti poderia ser justificado pelo pânico criado pelo terror de 1793, assim como o *sorelismo* se justifica pelo pânico que se seguiu aos massacres parisienses de 1871? Ou seja, existiria uma identidade absoluta entre guerra de posição e revolução passiva? Ou pelo menos existiria, ou se poderia conceber, todo um período histórico no qual os dois conceitos se devem identificar, até o ponto em que a guerra de posição voltasse a ser guerra manobrada? É preciso emitir um juízo "dinâmico" a propósito das "Restaurações", que seriam uma "astúcia da providência" no sentido dado por Vico. Um problema é este: na luta Cavour-Mazzini, na qual Cavour é o expoente da revolução passiva – guerra de posição – e Mazzini, o da iniciativa popular – guerra manobrada –, não seriam as duas na mesma medida indispensáveis? Todavia, é preciso levar em conta que, enquanto Cavour era consciente do seu dever (pelo menos numa certa medida), uma vez que compreendia o dever de Mazzini, Mazzini não parece ter sido consciente do seu dever nem do de Cavour; se, ao contrário, Mazzini tivesse essa consciência, ou seja, se tivesse sido um político realista, e não um apóstolo iluminado (ou seja, se não tivesse sido Mazzini), o equilíbrio resultante da confluência das duas atividades teria sido diverso, mais favorável ao mazzinianismo; isto é, o Estado italiano teria sido constituído sobre bases menos atrasadas e mais modernas. E uma vez que em todo evento histórico se verificam quase sempre situações parecidas, é preciso ver se não se pode tirar disso algum princípio geral de ciência e de arte política. Pode-se aplicar ao conceito de revolução passiva (e se pode documentar no Ressurgimento italiano) o critério interpretativo das modificações moleculares que, na realidade, modificam progressivamente a composição anterior das forças e, portanto, transformam-se em matriz de novas modificações. Assim, no Ressurgimento italiano se viu, após 1848, como a passagem de cada vez mais elementos do *Partito d'Azione* ao cavourismo modificou progressivamente a composição das forças moderadas, liquidando o neoguelfismo por um lado, e, por outro, empobrecendo o movimento mazziniano (a esse processo pertencem também as oscilações de Garibaldi etc.). Esse elemento, portanto, é a fase original daquele fenômeno que mais tarde foi chamado de "transformismo", e cuja importância não foi até agora, parece, colocada na devida luz como forma de desenvolvimento histórico.

Insistir no desenvolvimento do conceito de que enquanto Cavour era consciente de seu dever, pelo fato de estar criticamente consciente do dever de Mazzini, este, por ter pouca ou nenhuma consciência do dever de Cavour, estava, na realidade, também pouco consciente de seu próprio dever, por isso seus titubeios (como em Milão, no período seguinte aos Cinco Dias, e em outras ocasiões) e as suas iniciativas inoportunas que, portanto, tornavam-se elementos úteis apenas à política piemontesa. Essa é uma exemplificação do problema teórico de como deveria ser compreendida a dialética, elaborado na *Miséria da Filosofia*: nem Proudhon nem Mazzini tinham compreendido que todo membro da oposição dialética deveria procurar ser completamente ele mesmo e lançar na luta todos os próprios "recursos" políticos e morais, e que apenas assim se conseguiria uma superação real. Dirão que isso não era compreendido nem mesmo por Gioberti e pelos teóricos da revolução passiva e da "revolução-restauração", mas a questão muda: neles, a "incompreensão" teórica era a expressão prática das necessidades da "tese" de se desenvolver a si própria totalmente, até o ponto de conseguir incorporar uma parte da própria antítese: justamente nisso consiste a revolução passiva ou revolução-restauração. Certamente é preciso considerar neste ponto a questão da passagem da luta política da "guerra manobrada" para "guerra de posição", o que na Europa aconteceu após 1848 e não foi compreendido por Mazzini e pelos mazzinianos como, ao contrário, foi compreendido por alguns outros; a mesma passagem aconteceu depois de 1871 etc. A questão era difícil de entender então por homens como Mazzini, dado que as guerras militares não haviam fornecido o modelo, mas, pelo contrário, as doutrinas militares se desenvolviam no sentido da guerra de movimento: será preciso ver se em Pisacane, que foi o teórico militar do mazzianismo, existem alusões nesse sentido. (Será preciso ver a literatura política sobre 1848 que se deve a estudiosos da filosofia da práxis; mas não parece haver muito o que esperar nesse sentido. Os acontecimentos italianos, por exemplo, foram examinados apenas com a orientação dos livros de Bolton King etc.) Todavia, é preciso ver Pisacane, porque ele foi o único que tentou dar ao *Partito d'Azione* um conteúdo não apenas formal, mas substancial de antítese de superação das posições tradicionais. E não se deve dizer que, para conseguir esses resultados históricos, era necessária peremptoriamente a insurreição armada popular, como acreditava Mazzini até a obsessão, ou seja, não de modo realista, mas como um missionário religioso. A intervenção popular, que não foi possível na forma concentrada e simultânea da insurreição, não aconteceu nem na forma "difusa" e capilar da pressão indireta, o que, no entanto, era possível, e talvez tivesse sido a premissa indispensável da primeira forma. A forma concentrada ou simultânea se havia tornado impossível por causa da técnica militar da época, mas apenas em parte, ou seja, a impossibilidade existiu, uma vez que a forma concentrada e simultânea não foi precedida de uma preparação política ideológica de longo fôlego, organicamente predisposta para despertar as paixões populares e tornar possível sua concentração e a deflagração simultânea.

Após 1848, uma crítica dos métodos que antecederam o fracasso foi feita apenas por moderados e, de fato, todo o movimento moderado se renovou, o neoguelfismo foi liquidado, homens novos ocuparam os primeiros postos de direção. No entanto, não houve autocrítica por parte do mazzianismo, ou autocrítica liquidadora, no sentido de que muitos elementos abandonaram Mazzini e formaram a ala esquerda do partido piemontês; a única tentativa "ortodoxa", ou seja, partindo do interior, foram os ensaios de Pisacane, que, porém, jamais se transformaram em plataforma de uma nova política orgânica, e isso apesar de o próprio Mazzini reconhecer que Pisacane tinha uma "concepção estratégica" da Revolução nacional italiana.

(Caderno 15, § 11)

3. Ainda sobre "guerra de posição" e "guerra manobrada"

A relação "revolução passiva-guerra de posição" no Ressurgimento italiano pode ser estudada também sob outros aspectos. Importantíssimo é aquele que se pode chamar de "pessoal", e o outro, de "agrupamento revolucionário". O primeiro, "pessoal", pode ser justamente comparado com aquilo que se verificou na guerra mundial na relação entre oficiais de carreira e oficiais da reserva, por um lado, e entre soldados alistados e voluntários-aventureiros, por outro. Os oficiais de carreira corresponderam no Ressurgimento aos partidos políticos regulares, orgânicos, tradicionais etc. que no momento da ação (1848) se mostraram ineptos, ou quase, e em 1848-1849 foram ultrapassados pela onda popular-mazziniano-democrática – onda caótica, desordenada, "extemporânea", por assim dizer –, mas que, todavia, ao seguir chefes improvisados, ou quase (em todo caso, não de formações pré-constituídas, como era o partido moderado), conseguiram êxitos sem dúvida maiores do que aqueles obtidos pelos moderados: a República Romana e Veneza mostraram uma força de resistência muito notável. No período pós--1848, a relação entre as duas forças, a regular e a "carismática" se organizou em torno de Cavour e Garibaldi e deu o máximo resultado, ainda que esse resultado fosse depois apropriado por Cavour.

Esse aspecto está conectado com o outro, o do "agrupamento". É preciso observar que a dificuldade técnica contra as quais sempre se despedaçavam as iniciativas mazzinianas foi justamente a do "agrupamento revolucionário". Seria interessante, desse ponto de vista, estudar a tentativa de invadir a Savoia, por parte de Ramorino, depois a tentativa dos irmãos Bandiera, a de Pisacane etc., comparada com a situação que em 1848 se ofereceu a Mazzini em Milão e, em 1849, em Roma, e que ele não teve a capacidade de organizar. Essas tentativas de poucos não poderiam deixar de ser esmagadas na origem, porque seria espantoso que as forças reacionárias, que estavam concentradas e podiam operar livremente (ou seja, não encontravam nenhuma oposição em amplos movimentos da população), não esmagassem as iniciativas do tipo da de Ramorino, Pisacane, Bandiera, ainda que elas tivessem sido mais bem preparadas do que foram na realidade. No segundo período (1859-1860), o agrupamento revolucionário, como foi o dos Mil de Garibaldi, foi possibilitado pelo fato de Garibaldi primeiro ter-se introduzido nas forças estatais piemontesas e, em seguida, a frota inglesa ter de fato protegido o desembarque em Marsala, com a tomada de Palermo e a esterilização da frota bourbônica. Em Milão, depois dos Cinco Dias, e na Roma republicana, Mazzini teria tido a possibilidade de constituir praças de armas para agrupamentos orgânicos, mas não se propôs a fazê-lo, daí o seu conflito com Garibaldi em Roma e a sua invalidação em Milão diante de Cattaneo e do grupo democrático milanês.

De todo modo, no desenvolvimento do processo do Ressurgimento, lançou-se luz à enorme importância do movimento "demagógico" de massa, com chefes improvisados, arranjados às pressas etc., na realidade foi reassumido pelas forças tradicionais orgânicas, ou seja, pelos partidos formados havia bastante tempo, com preparação racional dos chefes etc. Em todos os acontecimentos políticos do mesmo tipo sempre se teve o mesmo resultado (foi assim em 1830, na França, com a predominância dos orleanistas sobre as forças populares radicais democratas, e, no fundo, também foi assim até na Revolução Francesa de 1789, na qual Napoleão representa, em última análise, o triunfo das forças burguesas orgânicas contra as forças pequeno-burguesas jacobinas). E foi assim na guerra mundial, com o predomínio dos velhos oficiais de carreira sobre os da reserva etc. (sobre esse tema, cf. notas em outros cadernos). Em todo caso, nas forças radicais populares, a falta de uma consciência do dever da outra parte impediu que tivessem plena consciência do seu próprio dever e, portanto, de pesar no equilíbrio final das forças, conforme o seu efetivo peso de intervenção, e assim poder determinar um resultado mais avançado, numa linha de maior progresso e modernidade.

(Caderno 15, § 15)

4. Equilíbrio político e equilíbrio militar

O conceito de revolução passiva deve ser deduzido rigorosamente dos dois princípios fundamentais de ciência política: 1) que nenhuma formação social desaparece enquanto as forças produtivas que se desenvolveram nela ainda encontram lugar para um futuro movimento progressivo; 2) que a sociedade não se coloca tarefas para cuja solução já não se tenham previsto as condições necessárias etc. Entende-se que esses princípios devem primeiro ser desenvolvidos criticamente em todo o seu alcance e depurados de qualquer resíduo de mecanicismo e fatalismo. Assim, devem ser referidos à descrição dos três momentos fundamentais nos quais se pode distinguir uma "situação" ou um equilíbrio de forças, com o máximo de valorização do segundo momento (ou equilíbrio das forças políticas), e especialmente do terceiro momento (ou equilíbrio político-militar). Pode-se observar que Pisacane, em seus *Saggi*, se preocupa justamente com esse terceiro momento: ele compreende, diferentemente de Mazzini, toda a importância que tem a presença na Itália de um aguerrido exército austríaco, sempre pronto para intervir em toda parte da península e que, além disso, tem por trás de si toda a potência militar do império dos Habsburgos, ou seja, uma matriz sempre pronta para formar novos exércitos de reforço.

Outro elemento histórico a ser lembrado é o desenvolvimento do cristianismo no seio do Império Romano, assim como o fenômeno atual do gandhismo na Índia e a teoria da não resistência ao mal de Tolstói, que tanto se aproximam da primeira fase do cristianismo (antes do Édito de Milão).

O gandhismo e o tolstoísmo são teorizações ingênuas com o colorido religioso da "revolução passiva". É preciso lembrar também alguns movimentos chamados "liquidacionistas" e as reações que suscitaram, em relação aos tempos e às formas de determinadas situações (especialmente do terceiro momento).

O ponto de partida do estudo será a análise de Vincenzo Cuoco, mas é evidente que a expressão de Cuoco a propósito da Revolução Napolitana de 1799 é apenas uma ideia, uma vez que o conceito é completamente modificado e enriquecido.

(Caderno 15, § 17)

5. "Transformismo" e revolução passiva

O transformismo como uma das formas históricas disso que já foi observado sobre a "revolução-restauração" ou "revolução passiva", a propósito do processo de formação do Estado moderno na Itália. O transformismo como "documento histórico real" da real natureza dos partidos que se apresentavam como extremistas no período da ação militante (*Partito d'Azione*). Dois períodos de transformismo: 1) de 1860 a 1900, transformismo "molecular", ou seja, as personalidades políticas individuais elaboradas por partidos democráticos de oposição se incorporam individualmente à "classe política" conservadora-moderada (caracterizada pela oposição a toda intervenção das massas populares na vida estatal, a toda reforma orgânica que substituísse o inclemente "domínio" ditatorial por uma "hegemonia"); 2) de 1900 em diante, transformismo de grupos radicais inteiros, que passam ao campo moderado (o primeiro acontecimento é a formação do partido nacionalista, com os grupos de ex-sindicalistas e anarquistas, que culmina com a guerra líbia em um primeiro momento e com o intervencionismo em um segundo momento). Entre os dois períodos, é preciso colocar o período intermediário – 1890-1900 –, no qual uma massa de intelectuais passa para os partidos de esquerda, chamados socialistas, mas, na realidade, puramente democráticos. Guglielmo Ferrero, em seu opúsculo *Reazione* [Reação] (Turim, Roux edit., 1895), representa assim o movimento dos intelectuais italianos dos anos noventa (reproduzo o trecho dos *Elementi di scienza politica* [Elementos de ciência política], de G. Mosca, 2ª ed., 1923):

> Há sempre certo número de indivíduos que têm necessidade de se apaixonar por qualquer coisa não imediata, não pessoal e distante, e aos quais o círculo dos próprios negócios, da ciência, da arte, não basta para exaurir toda a atividade do

espírito. O que restava para eles na Itália além da ideia socialista? Vinha de longe, o que sempre seduz; era bastante complexa e bastante vaga, pelo menos em algumas de suas partes, para satisfazer às necessidades morais tão diferentes dos muitos prosélitos; por um lado, trazia um vasto espírito de fraternidade e de internacionalismo, que corresponde a uma necessidade moderna real; por outro lado, assumia o tom de um método científico que tranquilizava os espíritos educados nas escolas experimentais. Isso posto, não espanta que um grande número de jovens tenha se inscrito em um partido em que pelo menos se havia o perigo de encontrar algum humilde saído da prisão ou algum modesto *repris de justice*, não se podia encontrar nenhum panamista, nenhum especulador da política, nenhum empreiteiro de patriotismo, nenhum membro daquele bando de aventureiros sem consciência e sem pudor que, depois de terem feito a Itália, devoraram-na. A observação mais superficial logo mostra que não existem em quase nenhum lugar da Itália as condições econômicas e sociais para a formação de um verdadeiro e grande partido socialista; ademais, um partido socialista deveria

> encontrar logicamente a força de seus aliados nas classes operárias, não na burguesia, como tinha acontecido na Itália. Ora, se um partido socialista se desenvolve na Itália em condições tão desfavoráveis e de um modo tão ilógico, é porque correspondia mais do que qualquer outro a uma necessidade moral de um certo número de jovens, enjoados com tanta corrupção, abjeção e vileza, e que se teriam entregado ao diabo só para fugir dos velhos partidos putrefeitos até o tutano dos ossos.

Um ponto a ser visto é a função que desenvolveu o Senado na Itália como terreno para o transformismo "molecular". Ferrari, apesar de seu republicanismo federalista etc., entra para o Senado, e assim também outros tantos até 1914: lembrar as afirmações cômicas do senador Pullè, que entrou para o Senado com Gerolamo Gatti e outros bissolatianos.

(Caderno 8, § 36)

6. "Forças subjetivas" e "condições objetivas" no Ressurgimento italiano

Ainda a propósito do conceito de revolução passiva ou revolução-restauração, deve-se notar que, no Ressurgimento italiano, é preciso colocar com exatidão o problema que em algumas tendências historiográficas é chamado de relações entre condições objetivas e condições subjetivas do acontecimento histórico. Parece evidente que nunca podem faltar as chamadas condições subjetivas quando existem as condições objetivas, porque se trata de simples distinção de caráter didático: portanto, é na medida das forças subjetivas e de sua intensidade que se pode desenvolver discussão e, por conseguinte, na relação dialética entre as forças subjetivas contrastantes. É preciso evitar que a questão seja colocada em termos "intelectualistas", e não histórico-políticos. Que a "clareza" intelectual dos termos da luta seja indispensável é ponto pacífico, mas essa clareza é um valor político, uma vez que se transforma em paixão difusa e é a premissa de uma forte vontade. Nos últimos tempos, em muitas publicações sobre o Ressurgimento, foi "revelado" que existiam personalidades que viam claramente etc. (lembrar a valorização de Ornato, feita por Piero Gobetti), mas essas "revelações" se destroem por si mesmas justamente porque são revelações; elas demonstram que se tratava de elucubrações individuais, que hoje representam uma forma do "raciocínio em retrospecto". De fato, jamais competiram com a realidade efetiva, jamais se tornaram consciência popular-nacional difusa e operante. Entre o *Partito d'Azione* e o partido moderado, qual teria representado as efetivas "forças subjetivas" do Ressurgimento? Certamente o partido moderado, e justamente porque ele teve consciência também do dever do *Partito d'Azione*: por essa consciência, a sua "subjetividade" era de uma qualidade superior e mais decisiva. Na expressão – ainda que de primeiro-sargento – de Vítor Emanuel II, "nós temos o *Partito d'Azione* no bolso" há mais sentido histórico-político que em Mazzini inteiro.

(Caderno 15, § 25)

APÊNDICE

Os católicos e o novo Estado[1]

Os jornais chamados liberais dedicam muito espaço aos "bastidores" e às fofocas de sacristia ou de café em torno dos novos comportamentos que os católicos italianos estão assumindo e à intenção, que está amadurecendo e se concretizando, de constituir um grande partido nacional católico, que se insira ativamente na vida do Estado, com um programa próprio e distinto, e lute para se tornar o partido de governo, a corrente social que imprime uma forma peculiar ao Estado, à sua ideologia específica e aos seus interesses nacionais e internacionais específicos.

A constituição desse partido assinala o ápice de um processo de desenvolvimento ideológico e prático da sociedade

---

[1] Assinado A. G., "I cattolici italiani", in *Avanti!*, edição piemontesa de 22 de dezembro de 1918. In *Scritti giovanili, 1914-1918*. Turim: Einaudi, 1958, p. 345-50.

italiana que é essencial na história política e econômica do nosso país: o problema central da vida política, concernente à forma e à função do Estado capitalista, encaminha-se para uma rápida solução, e árduas lutas se delineiam no futuro próximo entre as várias camadas burguesas. Por isso, os jornais chamados liberais, que abominam toda luta enquanto possível início de vastas transformações sociais, procuram desvalorizar preventivamente a eficiência da nova organização que se está constituindo, abafando as notícias e as discussões em um pântano de fofocas e falação charlatanescas. Mas certamente não são os vazios exercícios literários dos jornalistas falastrões que deterão o inexorável processo de dissolução da velha sociedade italiana e o desfraldar das lutas no seio da classe dirigente: e o proletariado já arregaça as mangas para se aprontar para a sua missão de sepultador.

A ideia do Estado liberal ou parlamentar, própria da economia de livre-comércio do capitalismo, não se difundiu na Itália com o mesmo ritmo e a mesma intensidade que em outras nações. O seu processo de desenvolvimento histórico se chocou inexoravelmente com a questão religiosa, ou melhor, com o complexo de problemas econômicos e políticos inerentes aos gigantescos interesses constituídos em muitos séculos de teocracia. A vida do Estado italiano se encarquilhou, e o partido liberal no governo ficou hipnotizado em um problema político único, o das relações entre o

Estado e a Igreja, entre a dinastia e o papado. Os objetivos essenciais do Estado laico foram negligenciados ou estabelecidos empiricamente, e a Itália, nos sessenta anos de seu ente Estado, não teve uma vida política econômica, financeira, interna e externa digna de um organismo estatal moderno: naturalmente não teve sequer uma política religiosa, uma vez que a atividade de um Estado ou é unitária e audaciosamente voltada para seus objetivos essenciais, ou é apenas remendo e sórdido acordo de camarilhas.

Ao desenvolvimento do novo Estado italiano faltou a colaboração do espírito religioso, da hierarquia eclesiástica, a única que podia aproximar-se de inúmeras consciências individuais do povo atrasado e desmotivado, percorrido por estímulos irracionais e caprichosos, ausente de toda luta ideal e econômica com características orgânicas de necessidade permanente. Os homens de Estado foram afligidos pela preocupação de inventar um acordo com o catolicismo, de subordinar ao Estado liberal as energias católicas afastadas e conseguir sua colaboração para a renovação da mentalidade italiana e para a sua unificação, de despertar ou fortalecer a disciplina nacional pelo mito religioso.

Não era possível conciliar duas forças absolutamente irredutíveis como o Estado laico e o catolicismo. Para que o catolicismo se subordinasse ao Estado laico, teria sido necessário um ato de humilhação da autoridade pontifícia, uma renúncia à vida por parte da hierarquia eclesiástica: somente com força e com audácia o Estado teria realizado sua vontade, com a dissolução das instituições jurídicas e econômicas que potencializam socialmente o catolicismo. O partido liberal não teve a audácia nem a força que teriam sido necessárias: a tática ditatorial da direita não deu os resultados esperados, e o Estado italiano ameaçou muitas vezes se desorganizar por causa das violentas reações populares à sua política. O partido liberal tornou-se oportunista, mandou para o sótão as suas ideologias e os seus programas concretos, fragmentou-se em tantas patotas quanto são os centros mercantis italianos, tornou-se vespeiro de conciliábulos eleitorais e de agências para o emprego e para a oportuna carreira de todos os desocupados e todos os parasitas. Assim desnaturado e corrompido, sem unidade nem hierarquia nacional, o liberalismo acabou por se subordinar ao catolicismo, cujas energias sociais são, ao contrário, fortemente organizadas e centralizadas e possuem, na hierarquia eclesiástica, uma ossatura milenar, resistente e preparada para todo tipo de luta política e de conquista das consciências e das forças sociais: o Estado italiano tornou-se o executor do programa clerical, e no pacto Gentiloni culmina uma ação sorrateira e tenaz para reduzir o Estado a uma verdadeira teocracia, para submeter a administração pública ao controle indireto da hierarquia eclesiástica.

Mas, se no plano político, no qual operam poucos indivíduos representativos, o catolicismo como hierarquia autoritária triunfa clamorosamente sobre o estado laico e sobre a ideologia liberal, na intimidade social os fatos se desenrolam de forma muito diferente. O fator econômico reage poderosamente sobre a estrutura da sociedade italiana; o capitalismo começa a dissolução das relações tradicionais inerentes à instituição familiar e ao mito religioso. O princípio de autoridade é abalado desde suas bases: a plebe agrícola torna-se proletariado e aspira, ainda que confusa e vagamente, à sua independência do mito religioso: a hierarquia eclesiástica, em suas ordens inferiores, vê-se obrigada a tomar posição na luta de classe que se delineia com intensidade e definição cada vez maiores.

No seio do catolicismo, surgem as tendências modernistas e democráticas como tentativa de compor, no âmbito religioso, os conflitos emergentes na sociedade moderna. Com base em seu poder legítimo, a hierarquia eclesiástica resiste e destrói a democracia cristã, mas seu prestígio e sua força se curvam diante das incoercíveis necessidades locais dos interesses confundidos com o mito religioso: ela dissemina pequenas amostras da Reforma, mas a substância do fenômeno, que depende do desenvolvimento da produção capitalista, mesmo se atenuada e enrijecida em sua espontaneidade histórica, ainda permanece e fatalmente atua. Os católicos exercem uma ação social cada vez mais vasta e profunda:

organizam massas proletárias, fundam cooperativas, associações de auxílio mútuo, bancos, jornais, mergulham na vida prática, entrelaçam necessariamente sua atividade com a atividade do Estado laico e acabam por fazer depender dele o destino de seus interesses particulares. Os interesses e os homens arrastam consigo as ideologias: o Estado absorve o mito religioso, tende a fazer dele um instrumento de governo, apto a repelir as investidas das novas forças, absolutamente laicas, organizadas pelo socialismo.

A guerra acelerou esse processo de dissolução interna do mito religioso e das doutrinas legitimistas próprias da hierarquia eclesiástica romana: a guerra acelerou vertiginosamente o processo de desenvolvimento histórico do Estado laico e liberal surgido justamente como antítese do legitimismo romano pontifício. A ideologia católica é atravessada por novas correntes reformistas que encontram expressão até nos mais eminentes defensores das doutrinas políticas romanas: o marquês Filippo Crispolti dedilha o alaúde para entoar hinos ao presidente Wilson; um manifesto das organizações católicas afirma que a vitória da Tríplice Entente é a vitória do cristianismo (sem adjetivos) contra o luteranismo autoritário e qualifica como "negação de Deus" a catolicíssima Áustria, porque era despótica, porque ali o Estado não era construído sobre o consenso dos governados. Ora, o cristianismo do presidente Wilson – pelo fato de que pode ter dado forma e inspirado programas políticos e objetivos gerais, de moralidade pública nacional e internacional, propostos ao povo – é puro calvinismo. O papa e as doutrinas católicas não contribuíram (e não poderiam contribuir) de modo algum para a concepção do programa wilsoniano: o papa sempre se voltou para os soberanos, não para o povo; para a autoridade, sempre legítima para ele, não para as multidões silenciosas; o pontífice romano nunca teria lançado ao povo uma incitação à rebelião contra os poderes constituídos pelos Estados dinásticos e militaristas, que exprimiam a forma de sociedade própria das doutrinas políticas católicas. Por uma pregação análoga àquela do presidente Wilson, o papa foi destituído do poder temporal, e os súditos se rebelaram contra a sua autoridade teocrática: a ideologia wilsoniana da Liga das Nações é a ideologia própria do capitalismo moderno, que quer libertar o indivíduo de todo cativeiro autoritário coletivo, dependente de estruturas econômicas pré-capitalistas, para instaurar a cosmópole burguesa em função de uma corrida mais desenfreada ao enriquecimento individual, possível apenas com a queda dos monopólios nacionais dos mercados do mundo: a ideologia wilsoniana é anticatólica, é anti-hierárquica, é a revolução capitalista demoníaca que o papa sempre exorcizou, sem conseguir defender, contra ela, o patrimônio tradicional econômico e político do catolicismo feudal.

O catolicismo, como doutrina e como hierarquia, sai destruído da vitória da Entente, especialmente na Itália, onde ele tem a sua sede. Em meio à burguesia e ao povinho desorganizado, triunfam as tendências liberais do calvinismo: a ideia do Estado laico se afirmou como consciência política atuante. O Estado italiano não tem mais necessidade do auxílio da energia católica para conter as forças sociais imaturas para a história. O Estado está livre das preocupações de ordem internacional provocadas pela Questão Romana, pode-se desenvolver de acordo com sua essência laica, pode-se desenvolver e, pela revolução proletária, transformar-se de parlamentar em um sistema de Soviete.

Os católicos agarram-se à realidade, que foge a seu controle. O mito religioso, como consciência difusa que dá a forma de seus valores a todas as atividades e aos organismos da vida individual e coletiva, se dissolve na Itália, assim como outrora noutros lugares, e transforma-se em partido político definido. Laiciza-se, renuncia à sua universalidade para se tornar vontade prática de uma classe burguesa específica que, conquistando o governo do Estado, propõe-se, além da conservação dos privilégios gerais da classe, a conservação dos privilégios particulares de seus partidários.

A constituição dos católicos em partido político é o maior fato da história italiana depois do Ressurgimento. Os quadros da classe burguesa se desorganizam: o domínio do

Estado será arduamente disputado, e não se pode excluir que o partido católico, por sua poderosa organização nacional centralizada em poucas mãos hábeis, saia vitorioso na concorrência com as camadas liberais e conservadoras laicas da burguesia, corrompidas, sem obrigações de disciplina ideal, sem unidade nacional, rumoroso vespeiro de sórdidos conciliábulos e camarilhas.

Pela íntima necessidade de sua estrutura, pelos inconciliáveis conflitos dos interesses individuais e de grupo, a classe burguesa está prestes a entrar em um momento de crise constitucional que projetará seus efeitos na organização do Estado, justo enquanto o proletário agrícola e urbano encontra na ideia dos Sovietes o eixo de sua energia revolucionária, a ideia estruturadora da nova ordem internacional.

Giolitti e Cavour: uma diferença incomensurável[2]

[...] De acordo com a *Stampa*, em Giolitti estariam expressas as boas qualidades próprias da tradicional política de governo do velho Piemonte, política que foi um dos principais fatores da unidade nacional e que, no futuro, deveria reedificar uma segunda vez a Itália destruída pela guerra. A propósito de Giolitti, muitas vezes, e de bom grado, é recordado Camillo

---

2   Não assinado, "Dietro lo scenario del giolittismo", in *Avanti!*, edição piemontesa de 6, 7 e 8 de novembro de 1919. In *L'Ordine Nuovo, 1919--1920*. Turim: Einaudi, 1970, p. 300-2.

Cavour, que se tornou uma espécie de *"nume indigete"**, de deus tutelar da redação da rua Davide Bertolotti. Pois bem, aproximar Giolitti de Cavour, mesmo considerando os tempos diversos, é realizar um daqueles blefes de que somente os jornalistas são capazes quando se gabam de erudição.

Entre Cavour e Giolitti não existe apenas uma diferença incomensurável quanto à estatura intelectual, mas os dois homens não têm qualquer semelhança em termos de cultura, de temperamento, de espírito e de sistemas.

Bastaria comparar a coletânea dos discursos de Giolitti com os de Cavour para compreender toda a distância que existe entre um burocrata de talento e um homem de Estado. Giolitti viveu na carreira administrativa, sem abalos e sem perturbações, e chegou à vida política já bem formado, máquina de trabalho da qual nenhum elemento mudaria mais; a juventude de Cavour foi uma juventude apaixonada, tão rica de motivos idealistas que pode ser comparada, sem exagero, à de seu obstinado adversário, Giuseppe Mazzini. Os trilhos da carreira fizeram de Giolitti um bem-sucedido; Cavour, para recuperar sua total liberdade de opinião, exonerou-se do exército aos vinte anos e entrou "para a vida civil, não mais que o caçula de uma família, sem carreira e sem crédito". Cavour revelou-se unicamente

---

* Nos cultos dos antigos romanos, divindades veneradas como protetoras de lugares específicos. (N. T.)

por meio de suas qualidades pessoais e de cultura: todos os problemas políticos, financeiros, econômicos, agrícolas se tornaram matéria de um estudo consciencioso e contínuo por toda a sua vida, e as experiências sociais e políticas da França e da Inglaterra encontraram nele um observador perspicaz e genial, de maneira que formou para si uma cultura realmente "cosmopolita". E qual é a cultura de Giovanni Giolitti? Em qual problema ele deixou uma marca pessoal, mesmo que leve? Quais soluções dos grandes problemas nacionais foram inspiradas nele?

Giolitti é uma pessoa muito calma, pacata, metódica, e é por essas qualidades que frequentemente ele é aproximado de Cavour, que, ao contrário, se entregava muito facilmente às primeiras impressões, era um impulsivo, como testemunham todos aqueles que o conheceram de perto, de Castelli a De la Rive; e nele o primeiro movimento do espírito jamais se perdia, porque gerava toda uma série de reflexões, de indagações, de tentativas que preparavam, por fim, a ação meditada e ordenada.

A Giolitti faltam todas as duas qualidades fundamentais de Cavour: o espírito prático e o culto aos princípios. Parecerá estranho que se negue a Giolitti o espírito prático, quando todos reconhecem nele um traquejo que o manteve no poder por tanto tempo; mas se entendermos por prática o espírito concreto realizador, não há nada na obra de

Giolitti que corresponda, nem de longe, às obras de canalização na região de Vercelli, às experiências para o progresso agrícola, à fundação de instituições financeiras, aos tratados de comércio nos quais Cavour trabalhou direta e pessoalmente.

Cavour, ademais, assentou toda sua vida e sua atividade de ministro sobre alguns princípios que jamais abandonou e que representaram a espinha dorsal da sua ação e garantiram seu sucesso no interior e no exterior, controlando sua atuação nos mínimos detalhes, "sempre fixando" – como diz um contemporâneo seu – "o olho no objetivo final com a persistência de uma ação incessante". A política de Giovanni Giolitti foi tal que "giolittismo" se tornou sinônimo de uma contínua adaptação, aliás, de um desvirtuamento metódico dos princípios, com a finalidade de resolver o problema, para Giolitti essencial, de manter as águas italianas em contínua calmaria. Melhor o pântano do que a tempestade: eis o lema de toda a política de governo do "Cavour redivivo".

Também Cavour recorreu de bom grado à aproximações com partidos que não eram o seu, não se esquivou de soluções intermediárias, não desdenhou negociar com seus adversários; mas nisso ele jamais foi inspirado por uma vontade genérica de fazer calar a oposição, de extenuá-la e de alcançar a unanimidade boçal e servil, absolutamente!

Entre a "aliança" feita no final de 1851 entre Cavour e Rattazi, entre o entendimento, que hoje parece comprovado, entre ele e Garibaldi sobre a expedição à Sicília, entre a sua escapulida para junto de Brofferio, refugiado na *Verbanella*, e os "blocos" e os "concílios" de lembrança giolittiana, há um abismo. Da política cavouriana, os partidos saíram mais bem definidos e distintos, e nenhum homem político da época foi humilhado; já a política giolittiana, em um período em que o nosso país já era, assim como agora, assustadoramente pobre de posições programáticas claras e de personalidades fortes, foi um implacável desagregador de partidos e de consciências.

A comparação poderia continuar e só serviria para definir melhor que, mesmo que fosse verdadeiro (e nós, socialistas, não acreditamos) que um homem de Estado da têmpera de Cavour pudesse hoje salvar a burguesia de seu destino, não seria certamente Giovanni Giolitti o homem que, pela capacidade técnica e pela força moral, poderia tomar sobre os ombros uma tarefa tão desesperada [...].

A unidade nacional[3]

A burguesia italiana nasceu e se desenvolveu afirmando e realizando o princípio da unidade nacional. Visto que a unidade

---

3   Não assinado, "La settimana politica", in *L'Ordine Nuovo*, 4 de outubro de 1919, n. 20. In *L'ordine Nuovo*, op. cit., p. 276-8.

nacional representou na história italiana, assim como na história de outros países, a forma de uma organização tecnicamente mais perfeita que o sistema mercantil de produção e de troca, a burguesia italiana foi o instrumento histórico de um progresso geral da sociedade humana.

Hoje, por causa dos profundos e insanáveis conflitos criados pela guerra em sua estrutura, a burguesia tende a desagregar a nação, a sabotar e a destruir o sistema econômico tão pacientemente construído.

Gabriele D'Annunzio, lacaio aposentado da maçonaria anglo-francesa, rebela-se contra seus velhos titereiros, restolha uma tropa mercenária, ocupa Fiume, declara-se seu "senhor absoluto" e constitui um governo provisório. O gesto de D'Annunzio tinha inicialmente um valor literário: D'Annunzio preparava e vivia os temas de um futuro poema épico, de um futuro romance de psicologia sexual e de uma futura coleção de "Boletins de guerra" do comandante Gabriele D'Annunzio.

Nada de extraordinário nem de monstruoso na aventura literária de Gabriele D'Annunzio: é possível que em uma classe que seja política e espiritualmente sã, porque coesa e organizada economicamente, existam indivíduos politicamente loucos, porque desequilibrados, porque não se inscrevem em uma realidade econômica concreta.

Mas o coronel D'Annunzio encontra seguidores, consegue que uma parte da classe burguesa assuma uma forma, baseando sua atividade na ação de Fiume. O governo de Fiume opõe-se ao governo central, a disciplina armada no poder do governo de Fiume é contraposta à disciplina legal do governo de Roma.

O gesto literário se transforma em um fenômeno social. Como na Rússia os governos de Omsk, de Ekaterinodar, de Arkhangelsk etc., assim na Itália o governo de Fiume foi assumido como a base de uma reorganização do Estado, como a energia sã, que representa o "verdadeiro" povo, a "verdadeira" vontade, os "verdadeiros" interesses, e que deve expulsar da capital os usurpadores. D'Annunzio está para Nitti como Kornikov está para Kerenski. O gesto literário desencadeou na Itália a guerra civil.

A guerra civil foi desencadeada justamente pela classe burguesa que tanto a esconjura, mas em palavras. Porque a guerra civil significa precisamente o choque dos dois poderes que disputam, à mão armada, o governo do Estado; choque que se verifica não em campo aberto, entre dois exércitos bem distintos e enfileirados regularmente, mas no próprio sentido da sociedade, como embate de grupos reunidos às pressas, como multiplicidade caótica de conflitos armados em que a grande massa de cidadãos não consegue orientar-se, em que a segurança individual e dos bens desaparece e é sucedida pelo terror, pela desordem, pela "anarquia". Na Itália, como em todos os outros países, como na Rússia, como na Baviera, como na Hungria, é a classe burguesa que desencadeou a guerra civil, que mergulha a nação na desordem, no terror, na "anarquia". A revolução comunista e a ditadura do proletariado foram, na Rússia, na Baviera, na Hungria, e serão na Itália, a suprema tentativa das energias sãs do país para deter a dissolução, para restaurar a disciplina e a ordem, para impedir que a sociedade se precipite na barbárie bestial inerente à fome determinada pelo cessar do trabalho útil durante o período do terrorismo burguês.

Uma vez que isso aconteceu, uma vez que o gesto literário deu início à guerra civil, uma vez que a aventura de D'Annunzio revelou e deu forma política a um estado de consciência difuso e profundo, conclui-se que a burguesia morreu como classe, que o cimento econômico que a tornava coesa foi corroído e destruído pelos triunfantes antagonismos de casta, de grupo, de classe, de região; conclui-se que o Estado parlamentar não consegue mais dar forma concreta à realidade objetiva da vida econômica e social da Itália.

E a unidade nacional, que se retomava dessa forma, range de modo sinistro. Amanhã, quem se espantaria lendo a notícia de que em Cagliari, em Sassari, em Messina, em Cosenza, em Taranto, em Aosta, em Veneza, em Ancona... um general, um coronel ou mesmo um simples tenente dos *arditi** conseguiu provocar um motim de setores de tropa, declarou aderir ao governo de Fiume e decretou que os cidadãos de sua jurisdição não devem mais pagar impostos ao governo de Roma?

Hoje, o Estado central, o governo de Roma, representa as dívidas de guerra, representa a servidão para com as finanças internacionais, representa uma passividade de cem bilhões. Eis o reagente que corrói a unidade nacional e a estruturação da classe burguesa; eis a causa subterrânea que esclarece a maneira pela qual cada ato de indisciplina "burguesa", de indisciplina no âmbito da propriedade privada, de insurreição "reacionária" contra o governo central encontra adesões, simpatias, jornais, grana. Se um tenente dos *arditi* funda um governo em Cagliari, em Messina, em Cosenza, em Taranto, em Aosta, em Ancona, em Udine,

---

* *Arditi* (literalmente, "ousados") eram soldados da divisão de elite de assalto do exército italiano durante a Primeira Guerra Mundial, geralmente voluntários. Sua função consistia em executar missões de risco, como invadir trincheiras, e seu armamento típico se resumia a uma granada de mão e um punhal. Após a guerra, formaram a *Associazione Nazionale Arditi d'Italia* (Associação Nacional dos *Arditi* da Itália), que seria a base da formação de dois grupos paramilitares importantes na história italiana: os *Fasci italiani di combatimento* (*Fasci* italianos de combate), em 1919, de extrema direita, que apoiaram a ação inconsequente de D'Annunzio da tomada de Fiume e que, em 1921, se tornariam o Partido *Nazionale Fascista*; e os *Arditi del Popolo* (*Arditi* do povo), frente única nacional de esquerda, organizados de 1921 a 1922 para combater as ações paramilitares fascistas, sendo o primeiro grupo antifascista de defesa armada da Itália. (N. E.)

contra o governo central, ele se torna o pivô de todas as desconfianças, de todos os egoísmos das classes proprietárias do lugar, ele encontra simpatias, adesões, grana, porque esses proprietários odeiam o Estado central e gostariam de se exonerar do pagamento dos impostos que o Estado central deverá impor para poder pagar as despesas de guerra.

Os governos locais, dissidentes sobre a questão de Fiume, tornar-se-ão a organização desses antagonismos irredutíveis; esses tenderão a se manter, a criar Estados permanentes, como aconteceu no ex-império russo e na monarquia austro-húngara. Os proprietários da Sardenha, da Sicília, de Vale de Aosta, do Friuli etc. demonstrarão que a gente sarda, siciliana, valdostana, friulana etc. não é italiana, que há muito tempo esses povos já aspiravam à independência, que a obra de italianização forçada conduzida pelo governo de Roma, com o ensino obrigatório da língua italiana, fracassou, e enviarão memoriais a Wilson, a Clemenceau, a Lloyd George... e não pagarão os impostos.

A nação italiana foi reduzida a essas condições pela classe burguesa, que em toda a sua atividade tende apenas a acumular lucro. A Itália está psicologicamente nas mesmas condições de antes de 1859: mas não é mais a classe burguesa que hoje tem interesses unitários em economia e em política. Historicamente, a classe burguesa italiana já morreu, esmagada por uma passividade de cem bilhões, dissolvida pelos ácidos corrosivos de seus dissídios internos, de seus antagonismos incuráveis. Hoje, a classe "nacional" é o proletariado, é a multidão dos operários e trabalhadores italianos, que não podem permitir a desagregação da nação, porque a unidade do Estado é a forma do organismo de produção e de troca construída pelo trabalho italiano, é o patrimônio de riqueza social que os proletários querem levar à Internacional Comunista*. Hoje, somente o Estado proletário, a ditadura proletária, pode deter o processo de dissolução da unidade nacional, porque é o único poder real capaz de obrigar os burgueses facciosos a não perturbar a ordem pública, impondo-lhes o trabalho, se quiserem comer.

O Estado italiano[4]

[...] O que é o Estado italiano? E por que ele é o que é? Quais forças econômicas e quais forças políticas estão na sua base? Ele sofreu um processo de desenvolvimento? O sistema de forças que determinou o seu nascimento permaneceu sempre o mesmo? Por ação de quais fermentos internos desenvolveu-se o processo? Que posição exata ocupa a Itália no mundo capitalista e como as forças externas influenciaram

---

* II Congresso Mundial da Terceira Internacional, que ocorreu de 19 de julho a 7 de agosto de 1920. (N. E.)

4 Não assinado, in *L'Ordine Nuovo*, 7 de fevereiro de 1920. In *L'ordine Nuovo*, op. cit., p. 72-6.

o processo interno? Que novas forças ele revelou que provocaram a guerra imperialista? Qual a provável direção a ser tomada pelas atuais linhas de força da sociedade italiana?

[...]

O Estado que, parlamentar, estaria para a república dos Sovietes como a cidade para a horda bárbara, nunca sequer tentou mascarar a impiedosa ditadura da classe proprietária. Pode-se dizer que o Estatuto albertino tenha servido a um único objetivo preciso: ligar fortemente o destino da Coroa aos destinos da propriedade privada. Os únicos freios que, de fato, funcionam na máquina estatal para limitar os arbítrios do governo dos ministros do rei são os que concernem à propriedade privada do capital. A Constituição não criou nenhuma instituição que presida, pelo menos formalmente, às grandes liberdades dos cidadãos: a liberdade individual, a liberdade de palavra e de imprensa, a liberdade de associação e de reunião. Nos Estados capitalistas, que se dizem liberais democráticos, a instituição máxima de defesa das liberdades populares é o poder judiciário: no Estado italiano, a justiça não é um poder, é uma ordem, é um instrumento do poder executivo, é um instrumento da Coroa e da classe proprietária. Portanto, entende-se perfeitamente que a direção geral dos presídios, como as direções particulares, como a polícia, como todo o aparato repressivo do Estado, dependem do ministério do Interior, e também se compreende perfeitamente como na Itália se reserva sempre o ministério do Interior ao presidente do Conselho, ou seja, se quer que todo o aparato de força armada do país esteja completamente em suas mãos: o presidente do Conselho é o homem de confiança da classe proprietária; para sua escolha colaboram os grandes bancos, os grandes industriais, os grandes proprietários de terra, o estado maior; e ele predispõe a seu favor a maioria parlamentar, com a fraude, com a corrupção; o seu poder é ilimitado, não apenas de fato, como é indubitavelmente em todos os países capitalistas, mas também de direito; o presidente do Conselho é o único poder do Estado italiano.

A classe dominante italiana sequer teve a hipocrisia de mascarar sua ditadura; o povo trabalhador foi considerado por ela um povo de raça inferior, que se pode governar sem cerimônia, como uma colônia africana. O país é submetido a um permanente regime de estado de sítio. Em cada hora do dia ou da noite uma ordem do ministro do Interior aos governadores de província pode colocar em movimento a administração policial. Os policiais dão batidas nas casas e nos locais de reunião; *sem mandatos judiciais*, que são passivos, sob o aspecto puramente administrativo, a liberdade individual e de domicílio é violada, os cidadãos são algemados, misturados com delinquentes comuns em prisões imundas e repugnantes, sua integridade fisiológica não é resguardada contra a brutalidade, e seus contatos e afazeres são interrompidos ou arruinados. Pela simples ordem de um comissário de polícia, um local de reunião é invadido e revistado. Pela simples ordem de um governador de província, um censor apaga um texto cujo conteúdo não consta realmente nas proibições contempladas pelos decretos gerais. Pela simples ordem de um governador de província, os dirigentes de um sindicato são presos, ou seja, tenta-se desfazer uma associação.

A Rússia era tomada como exemplo de Estado despótico sob o czar. Efetivamente não havia qualquer diferença entre o Estado czarista e o Estado italiano, entre a Duma e o Parlamento. Havia uma diferença de cultura política e de sensibilidade humana entre o povo russo e o povo italiano: os russos, liberais e socialistas, denunciavam ao mundo os abusos do poder; os italianos, menos sensíveis como unidade, lamentavam-se apenas dos episódios mais *monstruosos*; menos cultos politicamente, não conseguiam identificar nos episódios isolados uma continuidade dependente da constituição do Estado. Na Itália, não existindo a justiça como poder independente e nem estando o aparato repressivo às ordens da justiça, *o poder parlamentar não existe, a legislação é uma fraude*: na realidade, e no direito, existe um único poder –

o executivo –, existe a Coroa e existe a classe proprietária, que quer ser defendida a todo custo.

O Estado do czar era o Estado dos proprietários fundiários; isso explica a rudeza dos ministros czaristas: os camponeses não têm papas na língua e eliminam seus inimigos a cacetadas. A revolução de março de 1917 foi a tentativa de introduzir no Estado um equilíbrio entre essas duas forças da propriedade privada. A divisão dos poderes, ou seja, o surgimento junto ao Parlamento de um poder judiciário que garanta a igualdade política dos partidos burgueses de governo e que impeça aos partidos individuais no poder de se servir do aparelho estatal para perpetuar as condições da sua permanência no poder é a característica do Estado liberal. O povo trabalhador russo, que entrou no movimento em março de 1917, impediu que a revolução se cristalizasse na fase liberal burguesa: os operários da indústria continuaram a obra iniciada pelos proprietários da indústria, sufocaram todos os proprietários e emanciparam todas as classes oprimidas.

O Estado unitário italiano constituiu-se pelo impulso dos núcleos burgueses industriais da Itália no norte; consolidou-se com o desenvolvimento da indústria em detrimento da agricultura, com uma submissão brutal da agricultura aos interesses industriais. O Estado italiano não foi liberal, porque não nasceu de um sistema de equilíbrio; mas os ministros do rei da Itália, educados na fraseologia liberal inglesa, preferiram, ao porrete do camponês russo, o saquinho de areia do *apache* londrino para suprimir os inimigos dos industriais.

Já antes da guerra, as relações internas da classe proprietária italiana haviam se modificado: Salandra, que declarou a guerra, era o primeiro presidente do Conselho meridional do Estado italiano. Nitti é o segundo. O poder executivo se separa do velho sistema de forças capitalistas: a substância econômica do Estado italiano tornou-se fluida, entrou em movimento. O campo se apodera do Estado: ele tem um grande partido, o *Partito Popolare*. O Estado liberal, a república burguesa, deveria ser a saída normal das forças capitalistas em movimento, isso se não existisse na Itália uma classe operária revolucionária, também em movimento, decidida a realizar sua missão histórica, a suprimir a classe proprietária, a instaurar a democracia operária.

Entre a república dos Sovietes e a república burguesa, entre a democracia operária e a democracia liberal, os reformistas e os oportunistas escolhem a república burguesa e a democracia liberal. A juventude intelectual socialista italiana, que não tem quaisquer vínculos com esses homens do passado, com esses intelectuais pequeno-burgueses, que é livre de preconceitos e de tradições, que adquiriu maturidade na paixão pela guerra e caráter revolucionário no estudo da revolução bolchevique, é convocada para criar a produção específica da sua atividade histórica: ideias, mitos, ousadia de pensamento e de ação revolucionária para a fundação da República Sovietista Italiana.

Tradição monárquica[5]

A figura do rei "cavalheiro" é [...] por si só, despojada de disfarces pseudoidealistas e cortesãos; é tão pobre que não pode fornecer base suficiente para uma manifestação que deseje ter um conteúdo ideal. O que pode valer hoje para a burguesia que se diz nacional e se afirma unitária a solene homenagem ao rei dos burocratas piemonteses, ao rei dos coronéis do reino da Sardenha? Qual tradição, qual princípio essencial à vida da nação ou à formação e ao desenvolvimento da atual classe de governo se esconde nesse "mito" pessoal?

"A monarquia nos une": na frase de Crispi, republicano convertido, é afirmado o valor que geralmente se atribui, na nossa história, ao princípio monárquico. Mas a monarquia criou a unidade que era capaz de criar. Privada de um programa nacional, alheia às competições de ideias, uma única unidade a monarquia poderia dar à Itália: aquela originada da aplicação geral do oportunismo dinástico.

---
5   Não assinado, in *Avanti!*, edição piemontesa de 14 de março de 1920, escrito por ocasião da festa nacional de 14 de março, centenário do nascimento de Vítor Emanuel II. In *L'Ordine Nuovo*, op. cit., p. 327-30.

Unitário foi o pensamento de Mazzini, que partia de um absoluto e queria concretizá-lo na realidade política. Unitária foi a tática da direita, que tendia a instituir o Estado liberal, expressão e forma de um costume renovado e de uma liberdade interna adquirida. Unitários foram o pensamento e o programa dos católicos, que opunham ao Estado, forma concreta do moderno universal que se realiza na história, uma afirmação de universalidade transcendente, e a Igreja, sociedade sobrenatural que é a negação absoluta das políticas laicas. O antagonismo dessas diversas posições de princípio só poderia gerar um choque de vontades e de partidos contrários. Nesses antagonismos está a premissa que anima o liberalismo; desses antagonismos vive o Estado liberal. A verdade e a liberdade devem realizar-se nele como uma conquista.

Não era essa a liberdade buscada pela burguesia italiana. Inferior a cada afirmação de princípio, incapaz de compreender bem os termos de um problema quando eles fossem superiores à monótona realidade do dia a dia, empacada diante dos incitamentos e das chicotadas das exíguas minorias idealistas, a classe média italiana pouco enxergava além de seus negócios, além de sua pequena loja. Seguindo esses mesmos parâmetros, Mazzini era um sonhador; Garibaldi, um aventureiro favorecido pelo destino; os políticos da Direita, teimosos.

A unidade não devia servir para outra coisa, facilitando as trocas comerciais e ativando a comunicação entre as regiões, além de constituir a premissa de uma atividade comercial renovada; a liberdade queria ser liberdade de trafegar, de comprar, de vender, de fazer negócios.

Essa classe foi naturalmente levada a enxergar sua salvação no oportunismo dinástico; o programa da monarquia conquistadora transformou-se no seu programa, Vítor Emanuel II foi o seu rei. Os comportamentos autoritários do reizinho da Sardenha levado ao trono da Itália pela sorte não se chocavam com nenhuma suscetibilidade, a falta de uma ideia não era percebida: contanto que houvesse calma, tranquilidade, aparência de ordem, não se pedia mais nada. Após 1860, essa classe, que embora tivesse anteriormente favorecido as minorias que lutavam por um princípio, revela rudemente o seu objetivo: entrou em cena um ator, o rei, que garante a realização dos objetivos desejados, a sua ação não apresenta possibilidades de desdobramentos perigosos, também ele deseja a tranquilidade, também ele vive um dia de cada vez e é o tormento dos sonhadores. Esse será o rei da classe média italiana "renascente" para uma vida nova, essa será a monarquia nacional. E assim, após 1860 e 1870, os idealistas são gradualmente cortados da vida da nação: Mazzini é novamente um perseguido, Garibaldi não é mais compreendido, Silvio Spaventa é um solitário.

A fisionomia do novo reino é completada desta forma; a unidade foi alcançada. Mas qual unidade? Seu caráter não tardará a se mostrar; já está na bandeira unificadora, ela própria comercial e industrial. A classe que hasteou essa bandeira naturalmente não apoiará o Estado se o Estado não a apoiar, e essa classe, também ela, é uma minoria frente à grande massa do povo. O povo permaneceu como espectador quase inerte, aplaudiu Garibaldi, não entendeu Cavour e espera do rei a solução para o seu problema, para o problema que ele sente na pele, o da miséria e da opressão econômica e feudal. Mas o novo reino surgiu com um vício de origem que o torna incapaz não apenas de resolver, mas também de sentir o problema do povo; o novo reino surgiu do encontro de um interesse dinástico com um interesse da classe lojista, o novo reino só se valerá da força da Coroa em defesa dos interesses dessa classe, contra a maior parte da nação. Afirmada como resultado, a unidade é negada nas premissas e será continuamente refutada na prática.

Primeiramente foram os favores e a corrupção individual, foi o insignificante comércio dos cargos, das concessões, dos favores, foi a prepotência da burocracia regional. Depois, uma vez organizada a atividade econômica da burguesia setentrional de modo orgânico e sistemático, também a exploração das outras partes da Itália assumiu forma sistemática e orgânica, foi a motivação secreta do desenvolvimento do Estado italiano. O coroamento da obra foi a tarifa protecionista que cindiu o país em duas partes e que fez de três quartos uma colônia de exploração aberta à avidez de uma minoria de ladrões.

O povo, aquele que havia acreditado e aquele que havia permanecido como espectador, rebelou-se, e sua rebelião, chamada *brigantaggio* enquanto guerra civil, foi maldita e combatida em nome da unidade e do princípio monárquico. O pacto tacitamente firmado entre o rei e a burguesia começava a ter efeito; a monarquia, de resto, encontrava um modo de ampliar a sua base de governo conquistando para si a classe média meridional, lealista em relação a qualquer dinastia que garantisse a sua posição de domínio feudal sobre os "matutos" diligentes e oprimidos. Entre os "cavalheiros", o acordo não foi difícil. Dessa forma, sob a bandeira monárquica, a Itália se fazia.

Portanto, o que está sendo lembrado hoje? O que a Itália oficial está comemorando em nome do "grande rei"? Que valor tem esse lealismo atrasado em meio século? Talvez viva no espírito dos nossos burgueses, dos banqueiros de Milão e dos industriais do Piemonte, dos burocratas, dos generais e dos professores, um sentimento de reconhecimento em relação àquele que foi o primeiro expoente de um programa, o primeiro seguidor de uma tática que devia levar à constituição e à consolidação de sua autoridade e de seu domínio.

Reconhecimento póstumo: hoje, o problema se coloca em termos diversos. O lealismo monárquico, sempre destituído de conteúdo ideal, perdeu até o conteúdo egoísta e interesseiro. A monarquia não serve mais para ninguém. As forças que sustentam nossa história adquiriram por fim uma consistência tal que não há mais necessidade de compactuar com princípios historicamente mortos. Triunfa a desfaçatez: no seio da nação, à luta se dá ares de conquista de liberdade por parte do povo, como defesa de um estado de coisas por parte da classe dominante. A vitória é dos mais fortes. Onde estão, hoje, as forças do rei?

A análise da situação italiana nas "Teses de Lyon"[6]

[...] *A estrutura social italiana*

4. O capitalismo é o elemento predominante na sociedade italiana e a força que prevalece na determinação do seu desenvolvimento. Desse dado fundamental deriva a consequência de que não existe, na Itália, a possibilidade de uma revolução que não seja a revolução socialista. Nos países capitalistas, a única classe que pode realizar uma transformação social real e profunda é a classe operária. Somente a classe operária é capaz

---

6 Excerto das *Tesi* redigidas por Antonio Gramsci e Palmiro Togliatti e aprovadas no Terceiro Congresso do *Partito Comunista Italiano*, ocorrido em Lyon em janeiro de 1926. In Antonio Gramsci, *La costruzione del Partito Comunista*, 1923-1926. Turim, Einaudi, 1972, p. 490-8.

de traduzir em ação as transformações de caráter econômico e político que são necessárias para dar às energias do nosso país liberdade e possibilidades de desenvolvimento completas. O modo como ela concretizará essa sua função revolucionária está relacionado ao grau de desenvolvimento do capitalismo na Itália e à estrutura social que a ele corresponde.

5. O industrialismo, que é a parte essencial do capitalismo, é fraco demais na Itália. As suas possibilidades de desenvolvimento são limitadas tanto pela situação geográfica quanto pela falta de matérias-primas. Ele não consegue, portanto, absorver a maior parte da população italiana (quatro milhões de operários industriais contra três milhões e meio de trabalhadores agrícolas e milhões de camponeses). Opõe-se ao industrialismo uma agricultura que se apresenta, naturalmente, como base da economia do país. As condições extremamente variadas do solo e as consequentes diferenças de cultura e de sistemas de arrendamento provocam, porém, uma forte diferenciação das classes rurais, com um predomínio dos estratos pobres, mais próximos das condições do proletariado e mais suscetíveis de sofrer sua influência e de aceitar sua orientação. Entre as classes industriais e agrárias coloca-se uma pequena burguesia urbana bastante ampla e de uma importância extremamente grande. Ela é constituída predominantemente por artesãos, profissionais e funcionários públicos.

6. A fragilidade intrínseca do capitalismo obriga a classe industrial a adotar expedientes para garantir o controle sobre toda a economia do país. Esses expedientes se reduzem, em suma, a um sistema de acordos econômicos entre uma parte dos industriais e uma parte das classes agrícolas, precisamente os grandes proprietários fundiários. Portanto, a tradicional luta econômica entre industriais e trabalhadores rurais não tem lugar, nem tem lugar a rotação dos grupos dirigentes que ela determina em outros países. Os industriais, por outro lado, não têm necessidade de apoiar, contra os trabalhadores rurais, uma política econômica que assegure o contínuo afluxo de mão de obra do campo para as fábricas, porque esse afluxo é garantido pela exuberância da população agrícola pobre característica da Itália. O acordo industrial-agrícola baseia-se em uma solidariedade de interesses entre alguns grupos privilegiados, em detrimento dos interesses gerais da produção e da maioria que trabalha. Isso determina uma acumulação de riqueza nas mãos dos grandes industriais que é consequência de uma espoliação sistemática de categorias inteiras da população e de regiões inteiras do país. Os resultados dessa política econômica são o déficit do orçamento, a suspensão do desenvolvimento econômico de regiões inteiras (Sul, ilhas), o impedimento do surgimento e desenvolvimento de uma economia mais adaptada à estrutura do país e aos seus recursos, a miséria

crescente da população trabalhadora, a existência de uma contínua corrente de migração e o consequente empobrecimento demográfico.

7. Assim como a classe industrial não controla naturalmente toda a economia, ela também não consegue organizar sozinha toda a sociedade e o Estado. A construção de um Estado nacional só se tornou possível pelo aproveitamento de fatores de política internacional (o chamado Ressurgimento). Para o seu fortalecimento e para sua defesa, é necessário o acordo com as classes sobre as quais a indústria exerce uma hegemonia limitada, especialmente as rurais e a pequena burguesia. Daí a heterogeneidade e a fragilidade de toda uma estrutura social e do Estado de que é a expressão.

7 *bis*. Um reflexo da fragilidade da estrutura social aparece, de modo típico, antes da guerra, no exército. Um círculo restrito de oficiais, desprovidos do prestígio dos chefes (velhas classes dirigentes rurais, novas classes industriais), tem abaixo de si uma casta de oficiais subalternos burocratizada (pequena burguesia), incapaz de servir como ligação com a massa dos soldados indisciplinada e abandonada a si mesma. Na guerra, todo o exército é obrigado a se reorganizar a partir de baixo, depois de uma eliminação dos níveis superiores e de uma transformação de estrutura organizadora que corresponde ao advento de uma nova categoria de oficiais *subalternos*. Esse fenômeno antecipa a mudança

análoga que o fascismo realizará em relação ao Estado em escala mais ampla.

8. As relações entre indústria e agricultura, essenciais para a vida econômica de um país e para a determinação das superestruturas políticas, têm, na Itália, uma base territorial. No norte, a produção e a população agrícola são centralizadas em alguns grandes centros. Em consequência disso, todos os antagonismos inerentes à estrutura social do país contêm em si um elemento que diz respeito à unidade do Estado e a coloca em perigo. A solução para o problema foi buscada pelos grupos dirigentes burgueses e rurais por meio de um acordo. Nenhum desses grupos possui naturalmente um caráter unitário e uma função unitária. Por outro lado, o acordo por meio do qual a unidade foi salva é de tal natureza que agrava a situação. Ele dá às populações trabalhadoras do Sul uma posição análoga àquela das populações coloniais. A grande indústria do Norte cumpre em relação a elas a função das metrópoles capitalistas: os grandes proprietários de terra e a mesma média burguesia meridional se colocam, em vez disso, na situação das categorias que nas colônias se aliam à metrópole para manter submetida ao seu domínio a massa do povo que trabalha. A exploração econômica e a opressão política se unem, portanto, para fazer da população trabalhadora do Sul uma força continuamente mobilizada contra o Estado.

9. O proletariado tem na Itália uma importância superior à que tem em outros países europeus, até de capitalismo mais avançado, comparável somente ao que havia na Rússia antes da revolução. Isso está relacionado, antes de mais nada, ao fato de que, por conta da escassez de matéria-prima, a indústria se baseia preferencialmente na mão de obra, portanto, com a heterogeneidade e com os antagonismos de interesses que enfraquecem as classes dirigentes. Diante dessa heterogeneidade, o proletariado se apresenta como o único elemento que, por sua natureza, tem uma função unificadora e coordenadora de toda a sociedade. O seu programa de classe é o único programa "unitário", ou seja, o único cuja concretização não leva a aprofundar os antagonismos entre os diversos elementos da economia e da sociedade e não leva ao rompimento da unidade da grande massa de proletários rurais, centralizada sobretudo no Vale do Pó, facilmente influenciada pelos operários da indústria e, portanto, facilmente mobilizável na luta contra o capitalismo e o Estado.

Tem-se na Itália uma ratificação da tese de que as condições mais favoráveis para a revolução proletária não se encontram, necessariamente, sempre nos países onde o capitalismo e o industrialismo atingiram o mais alto grau de seu desenvolvimento, mas, em vez disso, podem estar onde o tecido do sistema capitalista oferece menor resistência, por causa de suas fragilidades de estrutura, a um ataque da classe revolucionária e de seus aliados.

A política da burguesia italiana

10. O objetivo que as classes dirigentes italianas se propuseram a alcançar desde as origens do Estado unitário em diante foi o de manter subjugadas as grandes massas da população trabalhadora e impedi-las de se transformar, organizando-se em torno do proletariado industrial e agrícola numa força revolucionária capaz de realizar uma completa transformação social e política e dar vida a um Estado proletário. A fragilidade intrínseca do capitalismo as obrigou, porém, a colocar como base da organização econômica e do Estado burguês uma unidade obtida por meio de acordos entre grupos não homogêneos. Em uma ampla perspectiva histórica, esse sistema se demonstra inadequado ao objetivo que busca alcançar. Toda forma de acordo entre os diversos grupos dirigentes e a sociedade italiana converte-se em um obstáculo ao desenvolvimento de uma ou de outra parte da economia do país. Assim são definidos novos antagonismos e novas reações da maioria da população; torna-se necessário acentuar a pressão sobre as massas e se produz um estímulo cada vez mais decisivo à sua mobilização para a revolta contra o Estado.

11. O primeiro período de vida do Estado italiano (1870--1890) é o de sua maior debilidade. As duas partes que

compõem a classe dirigente, os intelectuais burgueses, por um lado, e os capitalistas, por outro, estão unidas no propósito de manter a unidade, mas divididos acerca da forma a ser dada ao estado unitário. Falta entre elas uma homogeneidade positiva. Os problemas que o Estado se propõe são limitados; eles dizem respeito mais à forma do que à substância do domínio político da burguesia; impõe-se a todos o problema do igualamento, que é um problema de pura conservação. Tem-se a consciência da necessidade de ampliar a base das classes que dirigem o Estado somente no início do "transformismo".

A maior debilidade do Estado, nesse período, é dada pelo fato de que, fora dele, o Vaticano reúne em torno de si um bloco reacionário e antiestatal constituído pelos proprietários rurais e pela grande massa dos camponeses atrasados, controlados e dirigidos pelos ricos proprietários e pelos padres. O programa do Vaticano consta de duas partes: ele quer lutar contra o Estado burguês unitário e "liberal", e, ao mesmo tempo, se propõe a constituir com os camponeses um exército de reserva contra o avanço do proletariado socialista, que será provocado pelo desenvolvimento da indústria. O Estado reage à sabotagem que o Vaticano perpetra em seu prejuízo, e cria-se toda uma legislação de conteúdo e objetivos anticlericais.

12. No período que vai de 1890 a 1900, a burguesia se coloca decididamente o problema de organizar a própria

ditadura e o resolve com uma série de medidas de caráter político e econômico a partir da qual se determina a subsequente história italiana.

Antes de mais nada, soluciona-se o dissenso entre a burguesia intelectual e os industriais: a chegada de Crispi ao poder é sinal disso. A burguesia assim fortalecida resolve a questão de suas relações com o exterior (Tríplice Aliança), adquirindo uma segurança que lhe permite tentativas de se colocar no campo da concorrência internacional para a conquista de mercados coloniais. No interior, a ditadura burguesa se instaura politicamente, com uma restrição do direito de voto que reduz o corpo eleitoral a pouco mais de um milhão de eleitores dos 30 milhões de habitantes. No campo econômico, a introdução do protecionismo industrial-agrário corresponde ao propósito do capitalismo de adquirir o controle de toda a riqueza nacional. Mediante isso, é firmada uma aliança entre os industriais e os proprietários rurais. Essa aliança arranca do Vaticano uma parte das forças que ele havia reunido em torno de si, sobretudo entre os proprietários de terra do Sul, e as faz entrar no quadro do Estado burguês. De resto, o próprio Vaticano percebe a necessidade de dar maior destaque à parte do seu programa reacionário concernente à resistência ao movimento operário e toma posição contra o socialismo com a encíclica *Rerum Novarum*. Ao perigo que o Vaticano, contudo, continua a representar para o Estado, as classes dirigentes reagem dando a si próprias uma organização unitária com um programa anticlerical na maçonaria.

Os primeiros progressos reais do movimento operário acontecem, de fato, nesse período. A instauração da ditadura industrial-agrária coloca em seus termos reais o problema da revolução, determinando seus fatores históricos. Surge no Norte um proletariado industrial e rural, enquanto no Sul a população rural, submetida a um sistema de exploração "colonial", deve ser mantida subjugada com uma repressão política cada vez mais forte. Os termos da "questão meridional" são colocados, nesse tempo, de modo claro. E espontaneamente, sem a intervenção de um fator consciente e sem sequer o *Partito Socialista* tirar desse fato uma indicação para a sua estratégia de partido da classe operária, verifica-se nesse período pela primeira vez o confluir das tentativas insurrecionais do proletariado setentrional, com uma revolta de camponeses meridionais (*fasci* sicilianos).

13. Destroçadas as primeiras tentativas de insurreição do proletariado e dos camponeses contra o Estado, a burguesia italiana pode adotar, para atrapalhar os progressos do movimento operário, os métodos externos da democracia e da corrupção política da parte mais avançada da população trabalhadora (aristocracia operária) para torná-la cúmplice da ditadura reacionária, que continua a exercer, e impedi-la

de se tornar o centro da insurreição popular contra o Estado (giolittismo). Porém, entre 1900 e 1910, tem-se uma fase de concentração industrial e rural. O proletariado agrícola cresce 50% em detrimento das categorias dos trabalhadores assalariados fixos, meeiros e arrendatários. Daí uma onda de movimentos rurais e uma nova orientação dos camponeses que obriga o próprio Vaticano a reagir com a fundação da "Ação católica" e com um movimento "social" que chega até, em suas formas extremas, a assumir os aspectos de uma reforma religiosa (modernismo). A essa reação do Vaticano para não deixar as massas escaparem corresponde o acordo dos católicos com as classes dirigentes para dar ao Estado uma base mais segura (abolição do *non expedit*, pacto Gentiloni). Também em direção ao fim desse terceiro período (1914), os diversos movimentos parciais do proletariado e dos camponeses culminam em uma nova e inconsciente tentativa de união das diversas forças de massa antiestatais numa insurreição contra o Estado reacionário. Dessa tentativa, já foi colocado com suficiente destaque o problema que aparecerá em toda a sua amplitude no pós-guerra: ou seja, o problema da necessidade de o proletário organizar, em seu seio, um partido de classe que lhe dê a capacidade de se colocar à frente da insurreição e comandá-la.

14. O máximo de concentração econômica no campo industrial acontece no pós-guerra. O proletariado alcança o

mais alto nível de organização, e a isso corresponde o máximo de desagregação das classes dirigentes e do Estado. Todas as contradições implícitas no organismo social italiano afloram com a máxima crueza pelo despertar das massas, mesmo as mais atrasadas, para a vida política, provocado pela guerra e por suas consequências imediatas. E, como sempre, o avanço dos operários da indústria e da agricultura é acompanhado por uma agitação profunda das massas de camponeses, tanto do Sul quanto de outras regiões. As grandes greves e a ocupação das fábricas se desenvolvem concomitantemente à ocupação das terras. A resistência das forças reacionárias ainda é exercida segundo a direção tradicional. O Vaticano permite que ao lado da Ação Católica se forme um verdadeiro partido, o qual se propõe a inserir as massas camponesas no quadro do Estado burguês, aparentemente satisfazendo às suas aspirações de redenção econômica e de democracia política. As classes dirigentes, por sua vez, concretizam em grande estilo o plano de corrupção e desagregação interna do movimento operário, fazendo parecer aos chefes oportunistas a possibilidade de que uma aristocracia operária colabore com o governo em uma tentativa de solução "reformista" do problema do Estado (governo de esquerda). Mas em um país pobre e desunido como a Itália, a apresentação de uma solução "reformista" para o problema do Estado provoca, inevitavelmente, a desagregação da organização estatal e social, que não resiste ao choque com os numerosos grupos nos quais as próprias classes dirigentes e as classes intermediárias se pulverizam. Cada grupo tem suas próprias exigências de proteção econômica e de autonomia política e, na falta de um núcleo de classe homogêneo que saiba impor, com a sua ditadura, uma disciplina de trabalho e de produção a todo o país, desbaratando e eliminando os exploradores capitalistas e agrários, o governo se torna impossível, e a crise do poder está continuamente aberta.

Nesse período decisivo, a derrota do proletariado revolucionário deve-se às deficiências políticas, organizativas, táticas e estratégicas do partido dos trabalhadores. Como resultado dessas deficiências, o proletariado não consegue colocar-se à frente da insurreição da grande maioria da população, e nem fazê-la terminar na criação de um Estado operário; em vez disso, ele próprio sofre a influência de outras classes sociais que paralisam sua ação. A vitória do fascismo, em 1922, deve ser considerada, portanto, não uma vitória conseguida sobre a revolução, mas uma consequência da derrota que coube às forças revolucionárias por conta de sua deficiência intrínseca.

O fascismo e a sua política

15. O fascismo, como movimento de reação armada que se coloca o objetivo de desagregar e desorganizar a classe

trabalhadora para imobilizá-la, faz parte do quadro da política tradicional das classes dirigentes italianas e da luta do capitalismo contra a classe operária. Por isso, desde as suas origens, ele é favorecido indistintamente, em sua organização e em seu caminho, por todos os velhos grupos dirigentes, preferencialmente pelos proprietários rurais, que sentem como mais ameaçadora a pressão das plebes rurais. Socialmente, porém, o fascismo encontra sua base na pequena burguesia urbana e em uma nova burguesia agrária surgida de uma transformação da propriedade rural em algumas regiões (fenômenos de capitalismo agrário na Emília, origem de uma categoria de intermediários do campo, "bolsas da terra", novas repartições de terrenos). Esse fato e o fato de ter encontrado uma unidade ideológica e organizativa nas formações militares nas quais revive a tradição da guerra (*arditismo*) e que servem à guerrilha contra os trabalhadores permitem ao fascismo conceber e concretizar um plano de conquista do Estado em contraposição às velhas classes dirigentes. É absurdo falar de revolução. Porém, as novas categorias que se reúnem em torno do fascismo trazem de sua origem uma homogeneidade e uma mentalidade comum de "capitalismo nascente"; isso explica como é possível a luta contra os homens políticos do passado e como elas podem legitimá-la com uma construção ideológica em antagonismo com as teorias tradicionais do Estado e de suas relações com os cidadãos. Em conclusão, o fascismo modifica o programa de conservação e de reação que sempre dominou a política italiana somente por causa de um modo diverso de conceber o processo de unificação das forças reacionárias. Ele substitui a tática dos pactos e dos acordos pelo propósito de realizar uma unidade orgânica de todas as forças da burguesia em um único organismo político e sob o controle de uma única central que deveria dirigir ao mesmo tempo o partido, o governo e o Estado. Esse propósito corresponde à vontade de resistir firmemente a todo ataque revolucionário, o que permite ao fascismo reunir as adesões da parte mais decididamente reacionária da burguesia industrial e dos proprietários de terra.

16. O método fascista de defesa da ordem, da propriedade e do Estado é, ainda mais que o sistema tradicional dos acordos e da política de esquerda, desagregador da organização e das superestruturas políticas. As reações que ele provoca devem ser examinadas em relação à sua aplicação tanto no campo econômico quanto no campo político.

No campo político, antes de mais nada, a unidade orgânica da burguesia no fascismo não se realiza imediatamente após a conquista do poder. De fora do fascismo permanecem os centros de uma oposição burguesa ao regime. Por um lado, não é absorvido o grupo que tem fé na solução giolittiana do problema do Estado. Esse grupo se liga a uma seção da burguesia industrial e, com um programa de reformismo "laborista", exerce influência sobre classes de operários e pequenos burgueses. Por outro lado, o programa de fundamentar o Estado numa democracia rural do Sul e na parte "sã" da indústria setentrional (*Corriere della Sera*, livre-comércio, Nitti) tende a se tornar programa de uma organização política de oposição ao fascismo com bases de massa no Sul (União Nacional).

O fascismo é obrigado a lutar contra esses grupos remanescentes muito vigorosamente e a lutar com um vigor ainda maior contra a maçonaria, que ele considera justamente o centro de organização de todas as tradicionais forças de apoio do Estado. Essa luta, que, quer se queria ou não, é o indício de uma fratura no bloco das forças conservadoras e antiproletárias, pode, em determinadas circunstâncias, favorecer o desenvolvimento e a afirmação do proletariado como o terceiro e decisivo fator de uma situação política.

No campo econômico, o fascismo age como instrumento de uma oligarquia industrial e agrária para centralizar nas mãos do capitalismo o controle de todas as riquezas do país. Isso só pode provocar um descontentamento na pequena burguesia, que, com o nascimento do fascismo, acreditava ter chegado o tempo do seu domínio.

Toda uma série de medidas é adotada pelo fascismo para favorecer uma nova concentração industrial (abolição do imposto sobre heranças, política financeira e fiscal, recrudescimento do protecionismo), e a essas medidas correspondem outras a favor dos proprietários rurais e contra os pequenos e médios agricultores (impostos, taxação do trigo, "batalha do trigo"). A acumulação que essas medidas determinam não é um aumento de riqueza nacional, mas é a espoliação de uma classe a favor de outra, ou seja, das classes trabalhadoras e médias a favor da plutocracia. O desígnio de favorecer a plutocracia aparece descaradamente no projeto de legalizar no novo código de comércio o regime das ações privilegiadas; dessa forma, um punhado de financistas é colocado em condições de poder dispor sem controle de enormes massas de poupança provenientes da pequena e média burguesia, e essas categorias são expropriadas do direito de dispor de sua riqueza. No mesmo plano, mas com consequências políticas mais amplas, entra o projeto de unificação dos bancos de emissão de moeda, ou seja, na prática, de supressão dos dois grandes bancos meridionais. Esses dois bancos cumprem hoje a função de absorver as economias do Sul e as remessas dos emigrantes (600 milhões), isto é, a função que no passado cumpriam o Estado com a emissão de bônus do tesouro e o Banco de Descontos no interesse de uma parte da indústria pesada do Norte. Os bancos meridionais são controlados até agora pelas mesmas classes dirigentes do Sul, as quais encontraram nesse controle uma base real de seu domínio político. A supressão dos bancos meridionais como bancos de emissão fará que essa função passe à grande indústria do Norte que controla, através do Banco comercial, o Banco d'Italia, e desse modo será acentuada a exploração econômica "colonial" e o empobrecimento do Sul, além de se acelerar o lento processo de afastamento do Estado também da pequena burguesia meridional.

A política econômica do fascismo se completa com as medidas destinadas a elevar a cotação da moeda, a sanear o orçamento do Estado, a pagar as dívidas de guerra e a favorecer a intervenção do capital anglo-americano na Itália. Em todos esses campos, o fascismo concretiza o programa da plutocracia (Nitti) e de uma minoria industrial-agrária em prejuízo da grande maioria da população cujas condições de vida pioram progressivamente.

Coroamento de toda a propaganda ideológica, da ação política e econômica do fascismo é sua tendência ao "imperialismo". Essa tendência é a expressão da necessidade sentida pelas classes dirigentes industriais-agrárias italianas de encontrar fora do campo nacional os elementos para a resolução da crise da sociedade italiana. Estão nela os germes de uma guerra que será feita, aparentemente, pela expansão italiana, mas na qual, na realidade, a Itália fascista será um instrumento nas mãos de um dos grupos imperialistas que disputam o domínio do mundo.

17. Em consequência da política do fascismo, são determinadas profundas reações das massas. O fenômeno mais grave é o afastamento cada vez mais decidido das populações rurais do Sul e das ilhas do sistema de forças que sustentam o Estado. A velha classe dirigente local (Orlando, Di Cesarò, De Nicola etc.) não exerce mais de modo sistemático a sua função de elo com o Estado. A pequena burguesia tende, portanto, a se aproximar dos camponeses, o sistema de exploração e de opressão das massas meridionais é levado ao extremo pelo fascismo; ele facilita a radicalização até das categorias intermediárias e coloca a questão meridional em seus verdadeiros termos, como questão que será resolvida apenas pela insurreição dos camponeses aliados do proletariado na luta contra os capitalistas e contra os proprietários rurais.

Também os camponeses médios e pobres das outras partes da Itália adquirem uma função revolucionária, ainda que de modo mais lento. O Vaticano – cuja função reacionária foi assumida pelo fascismo – não controla mais as populações rurais de modo completo pelos padres, a Ação Católica e o *Partito Popolare*. Há uma parte dos camponeses que foi despertada para as lutas pela defesa de seus interesses pelas mesmas organizações legitimadas e dirigidas pelas autoridades eclesiásticas, e que agora, sob a pressão econômica e política do fascismo, acentua a própria orientação de classe e começa a sentir que seus destinos são indissociáveis dos da classe operária. Um indício dessa tendência é o fenômeno Miglioli. Um sintoma extremamente interessante dessa tendência é também o fato de que as organizações brancas*, as quais, sendo uma parte da Ação Católica, recorrem diretamente ao Vaticano, tiveram de entrar nos comitês intersindicais com as Ligas vermelhas, expressão daquele período proletário que os católicos indicavam, desde 1870, como iminente na sociedade italiana.

Quanto ao proletariado, a atividade desagregadora de suas forças encontra um limite na resistência ativa da vanguarda revolucionária e em uma resistência passiva da grande massa, a qual permanece fundamentalmente classista e dá sinais de se recolocar em movimento assim que a pressão física do fascismo diminui e os estímulos do interesse de classe se fortalecem. A tentativa de trazer para o seu seio a cisão com os sindicatos fascistas pode-se considerar fracassada. Os sindicados fascistas, mudando o seu programa, tornam-se agora instrumentos diretos de repressão reacionária a serviço do Estado.

18. Aos perigosos deslocamentos e aos novos recrutamentos de forças que são provocados pela sua política, o

---

* *Leghe bianche* (Ligas brancas) eram as associações sindicais de trabalhadores católicos. Um dos principais organizadores dessas ligas foi Guido Miglioli (1879-1954), do *Partito Popolare*. (N. E.)

fascismo reage, fazendo cair sobre toda a sociedade o peso de uma força militar e de um sistema de repressão que traz a população pregada ao fato mecânico da produção sem possibilidades de ter uma vida própria, de manifestar uma vontade própria e de se organizar para a defesa dos seus próprios interesses.

A chamada legislação fascista não tem outra finalidade a não ser consolidar e tornar permanente esse sistema. A nova lei eleitoral política, as modificações da organização administrativa com a introdução do *podestà** nas comunas do campo etc. desejariam marcar o fim da participação das massas na vida política e administrativa do país. O controle sobre as associações impede toda forma permanente "legal" de organização das massas. A nova política sindical tolhe à Confederação do Trabalho e aos sindicatos de classe a possibilidade de concluir acordos para excluí-los do contato com as massas que se tinham organizado em torno deles. A imprensa proletária é suprimida. O partido de classe do proletariado é reduzido à vida plenamente ilegal. A violência física e as perseguições de polícia são empregadas sistematicamente, sobretudo no campo, para incutir terror e manter a situação de estado de sítio.

---

* No regime fascista, era o chefe administrativo das comunas. Acumulava as funções que até então cabiam ao *sindaco*, à junta municipal e ao conselho comunal, concentrando a autoridade local. (N. E.)

O resultado dessa complexa atividade de reação e de repressão é o desequilíbrio entre a relação real das forças sociais e a relação das forças organizadas, para as quais a um aparente retorno à normalidade e à estabilidade corresponde uma agudização dos antagonismos prontos a irromper a todo instante por novos meios.

18 *bis*. A crise que se seguiu ao crime Matteoti forneceu um exemplo da possibilidade de que a aparente estabilidade do regime fascista fosse perturbada em suas bases pelo imprevisto irromper de antagonismos econômicos e políticos aprofundados sem que tivessem sido percebidos. Ao mesmo tempo, ela forneceu a prova da incapacidade da pequena burguesia em conseguir um resultado, no atual período histórico, na luta contra a reação industrial agrária [...]

1ª edição fevereiro de 2015
Fonte Rotis/Agaramond | **Papel** Offset 75g/m²
Impressão e acabamento Yangraf